美し松（湖南市）

彦根城のいろは松（彦根市）

蓮如上人お手植えの松（高島市・福善寺）

真照寺の松（竜王町）

兵主神社の松並木（野洲市）

唐崎の松（大津市）

福聚院の黒松（大津市）

古大明神塚の松（能登川町）

太田の松（高島市・大田神社）

お祓所の松（守山市・勝部神社）

椋と連理の松（栗東市・天満宮）

大池寺の開山・臥龍松（甲賀市）

別冊淡海文庫14

近江の松

岡村完道　著

はじめに

わが国、そして近江も「松の国」といえよう。

「松や松や、何ぞ其の民人の性情を感化するの偉大なるもの。（中略）日本は松国なるべし。桜花国と相待たざるべからず」（『日本風景論』）。

明治・大正時代の偉大なる地理学者で政治家だった志賀重昂の言葉を引用するまでもなく、日本の主木は松樹であり、われわれ国民は、その松樹とは切っても切れない、関係にある。

「昔、日本武尊、向東之歳、停尾津浜而進食。是時解一剱、置於松下。遂忘而去――」。

「ひとつまつ、ひとにありせば――」

「ひとつ松、いくよかへぬる吹く風の――」

「常磐《ときわ》なる、松のみどりも　春くれば――」

日本書記、古事記、万葉集そして古今和歌集と、その昔から多くの歌に詠まれた松樹は依代《よりしろ》の木とされて神仏が降臨、影向《ようごう》し、信仰の対象にもなってきた。正月の門松はその一つの表れであり、この門松がさらに屋内へと延長されて立花となった。

その立花《りっか》は松を尊重した表れであり、天和《てんな》年間（一六八一～八三）刊行の『立花大全』

には「一本ばかり立る事あるべからず　一色物は各別の義さなき立花に　外の木草を心に立てても松といふ物を爰《ここ》かしこにあいしらはでは、一瓶の首尾成かたし」と記されている。

茶道の世界でも松は、かけがえのない樹木とされている。茶の湯音を「松風」「松籟《しょうらい》」「松韻《しょういん》」といい、茶人は門内の塀越しに見える見越しの松を植えた。そして能舞台うしろの鏡板には、必ず常磐の見事な松が描かれている。芸能の神「春日《かすが》明神」が舞台に降臨し、そこが神聖な場所になるからである。

こうして日本の文化を創造した松樹は、さらに日本の国土を守りつづけている。湖にあっては水害、海岸では津波、潮害から人命、田畑を守るために祖先は湖周や日本列島の周りに松を植えつづけてきた。それが白砂青松《はくさせいしょう》の景観を形成し、災害から多くの人命、田畑を守ってくれたのである。また山にあっては松樹は山崩れ、山津波を防いでいる。さらには、大切な水を涵養《かんよう》する役目も果たしており、治水《ちすい》のために築かれた河川堤防には地固めのため松が植えられている。松はまさに、国土を守る樹木でもある。

ところで近江の国は古来、この松樹の恩恵を強く受けており、また名松が最も多い土地でもある。各所に由緒ある松が数多く存在し、松樹の良材がたくさんとれている。京都市右京区にある臨済宗妙心寺派大本山・妙心寺の仏殿（重文）に使われている巨大な梁《はり》（長さ十メートル、直径八十センチ）四本のうちの一本は、近江の国でとれた松樹であることが、再建以来、百五十年ぶり、昭和の終わりに行われた半解体修理で見つかった木札（江戸時代に記録されたもの）により判明した。

その木札の記録によると、この近江の松樹の梁は文政九年（一八二六）正月に伐採、江州・八幡（近江八幡市）から船で大津へ、そして陸路、妙心寺まで運んでいる。その時の模様について木札には、次のように書かれている。

「鬼神と号す大車に索牛十二匹をかけ、車方三百人余付添ふ」。こうして五月三十日、ようやく妙心寺に着いたのだが、この間、京町奉行所や大津代官所から百人近くの警護役人が出動、三井寺からは二百人が加勢したが、逢坂山《おうさかやま》越えのときには車が壊れるなどして「難儀を極めた」とある。さらに京都に入ってからは「老若男女、おびただしく見物、庶人目を驚かし、群衆前代未聞の珍事也」とあるなど、この近江の松が都大路で大変な騒ぎになったことでも分かるように、とにかく近江の松樹は良材がとれることで広く知られていた。

近江にとっても重要で、かけがえのない松が、行政・民間が一致して懸命の努力をはらっているにもかかわらず松食虫被害により、近年、大量に枯れているのは、まことに由々しき事態である。後人のために松の緑を守りぬく願いをこめ、「近江の松」について、とりまとめた。

執筆の直前になって筆者の眼が急激に悪化。読み書きが不自由になり、関係者にご迷惑をかけました。さらにサンライズ出版の岩根順子社長、岩根治美専務には、格段のおせわになりました。厚くお礼を申し上げます。

筆　者

目次

第二章　天皇家にまつわる松

第三章　寺院の松

第四章　神社の松

第五章　天狗・河童伝承にまつわる松

第1章　由緒のある名松

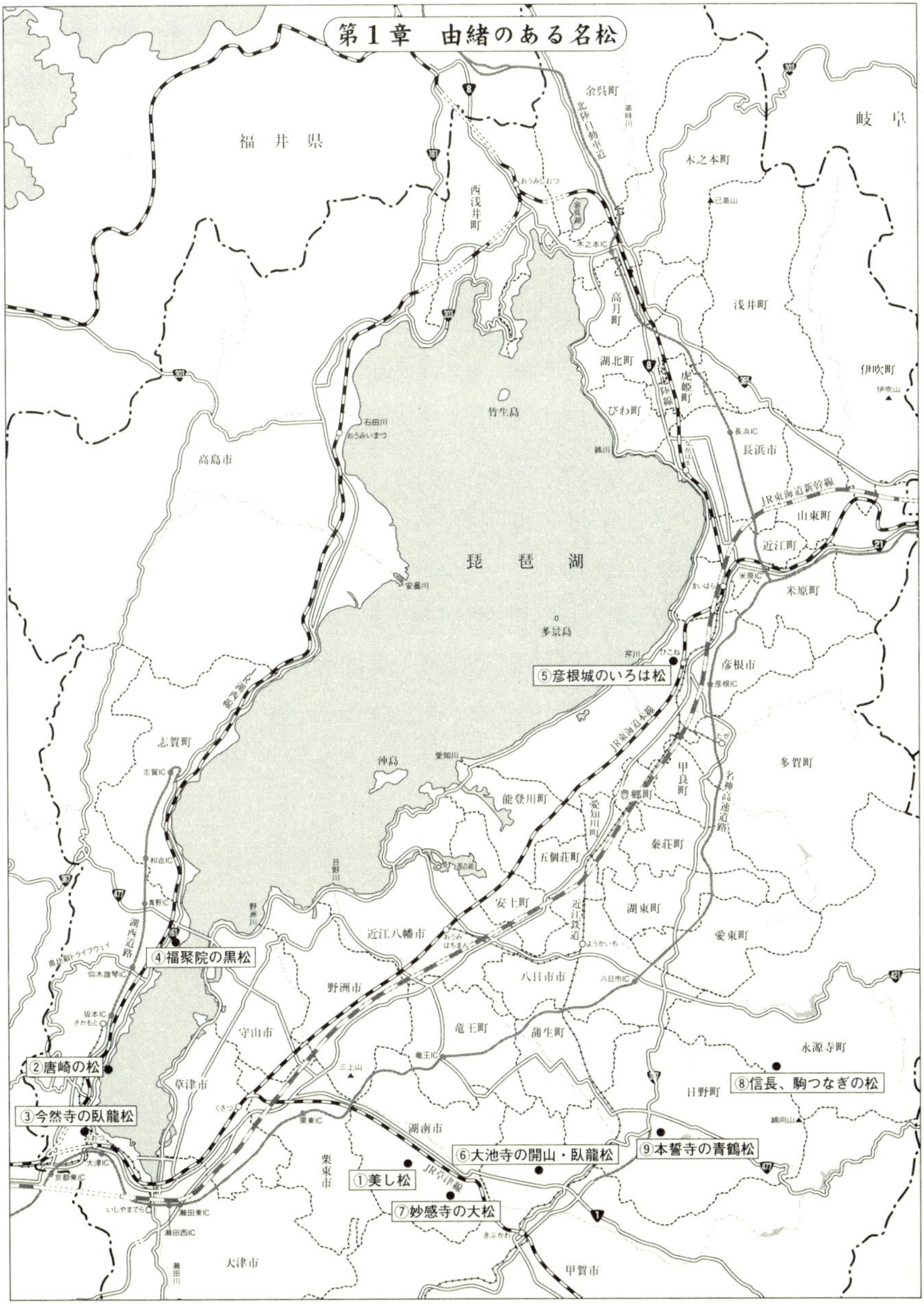
福井県
岐阜
余呉町
西浅井町
木之本町
高月町
浅井町
湖北町
虎姫町
びわ町
伊吹町
伊吹山
竹生島
長浜市
JR東海道新幹線
山東町
近江町
米原町
高島市
琵琶湖
多景島
⑤彦根城のいろは松
彦根市
JR湖西線
JR東海道本線
JR北陸本線
北陸自動車道
志賀町
沖島
多賀町
甲良町
豊郷町
名神高速道路
能登川町
愛知川町
秦荘町
五個荘町
安土町
近江鉄道
湖東町
近江八幡市
愛東町
湖西道路
④福聚院の黒松
八日市市
野洲市
守山市
竜王町
蒲生町
永源寺町
②唐崎の松
⑧信長、駒つなぎの松
草津市
日野町
③今然寺の臥龍松
湖南市
⑨本誓寺の青鶴松
⑥大池寺の開山・臥龍松
栗東市
①美し松
JR草津線
⑦妙感寺の大松
大津市
甲賀市
瀬田川

第2章　天皇家にまつわる松

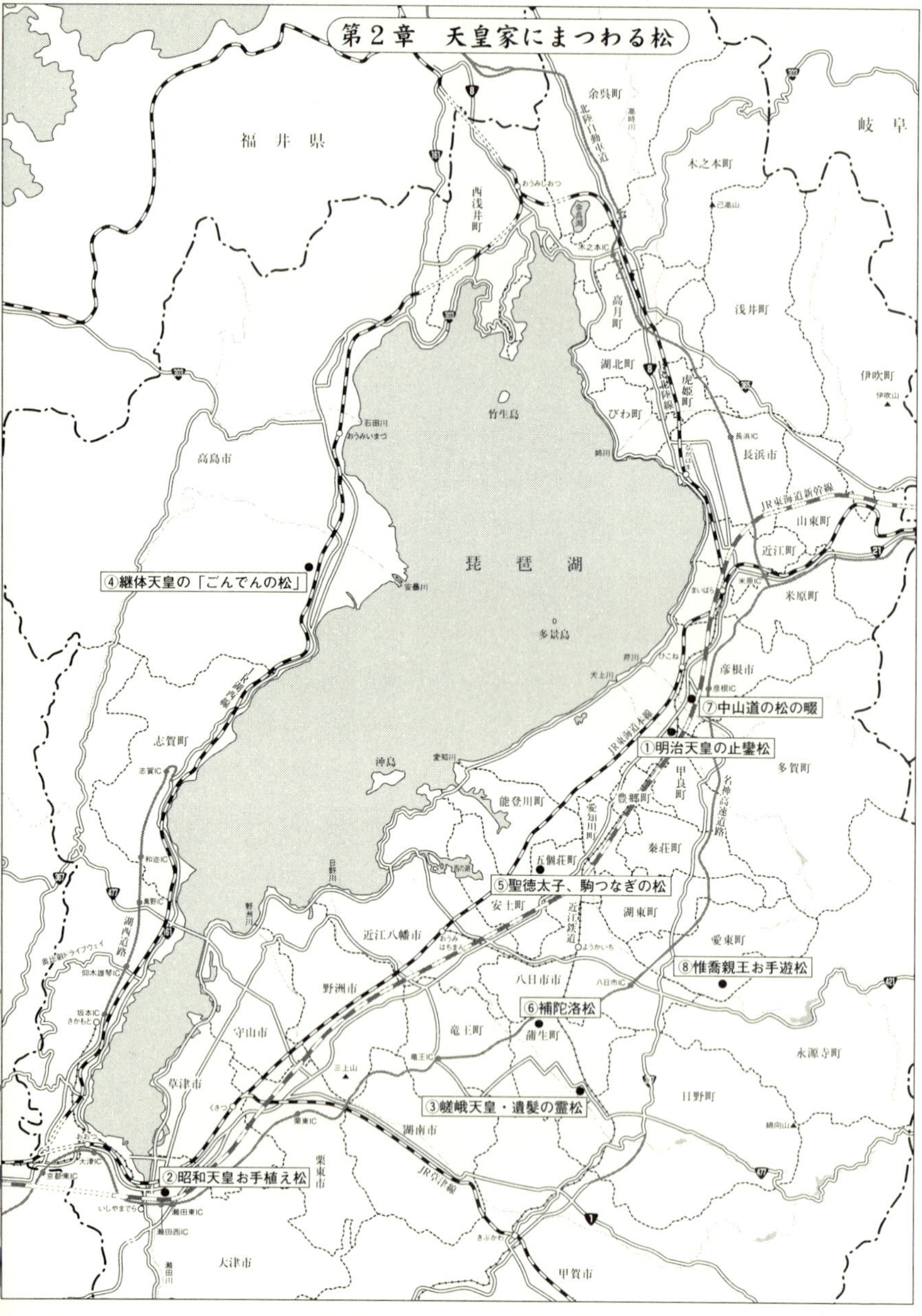

第3章　寺院の松

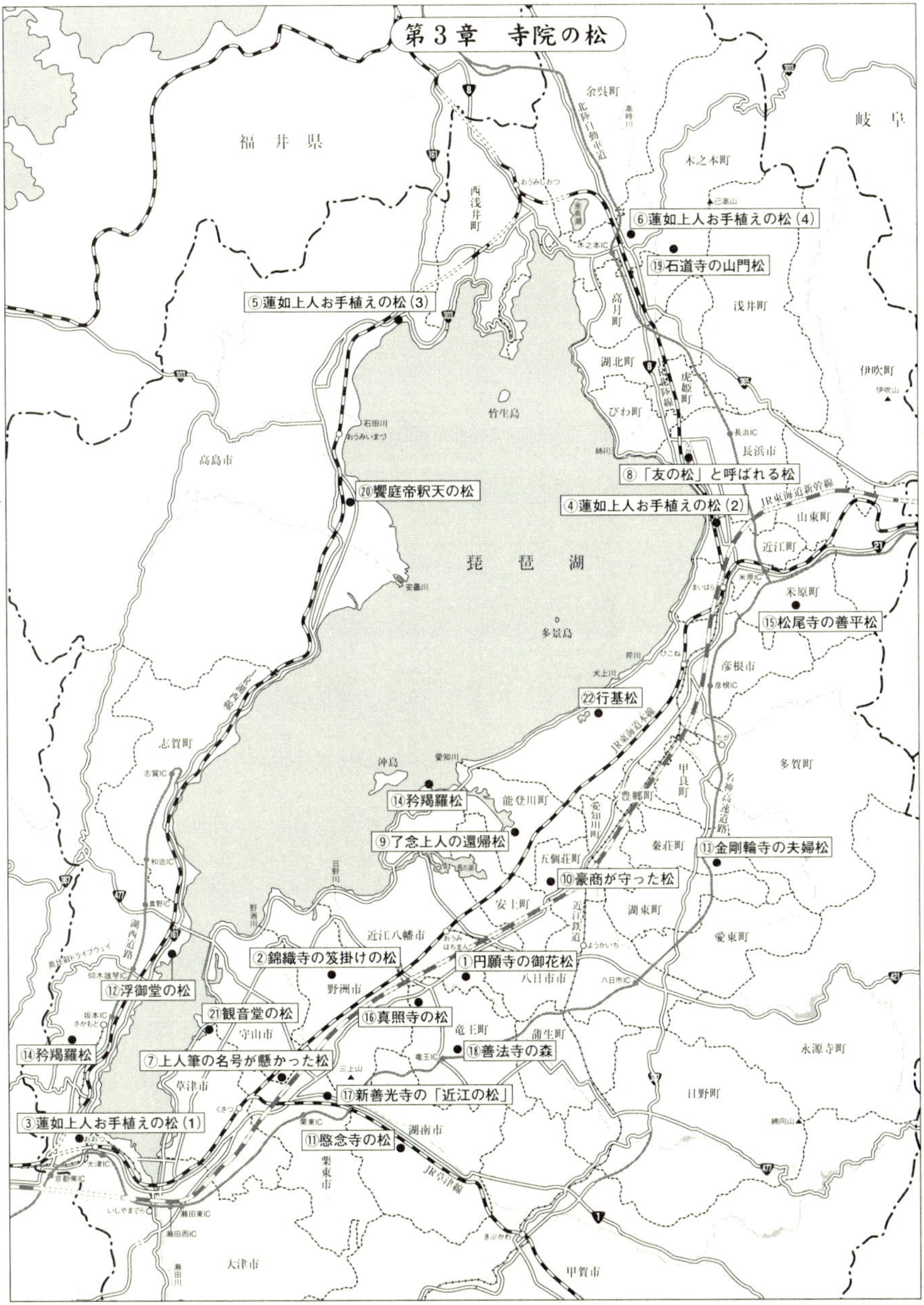
福井県
岐阜
余呉町
木之本町
西浅井町
高月町
湖北町
虎姫町
びわ町
浅井町
長浜市
伊吹町
山東町
近江町
米原町
彦根市
多賀町
甲良町
豊郷町
秦荘町
愛知川町
五個荘町
湖東町
愛東町
能登川町
安土町
近江八幡市
八日市市
野洲市
守山市
竜王町
蒲生町
永源寺町
日野町
草津市
栗東市
湖南市
甲賀市
大津市
志賀町
高島市
琵琶湖
竹生島
多景島
沖島
北陸自動車道
JR北陸線
JR東海道新幹線
JR東海道本線
JR草津線
名神高速道路
近江鉄道
湖西道路
⑥蓮如上人お手植えの松（4）
⑲石道寺の山門松
⑤蓮如上人お手植えの松（3）
⑧「友の松」と呼ばれる松
④蓮如上人お手植えの松（2）
⑳饗庭帝釈天の松
⑮松尾寺の善平松
㉒行基松
⑭矜羯羅松
⑨了念上人の還帰松
⑬金剛輪寺の夫婦松
⑩豪商が守った松
②錦織寺の笈掛けの松
①円願寺の御花松
⑫浮御堂の松
㉑観音堂の松
⑯真照寺の松
⑭矜羯羅松
⑱善法寺の森
⑦上人筆の名号が懸かった松
⑰新善光寺の「近江の松」
③蓮如上人お手植えの松（1）
⑪愍念寺の松

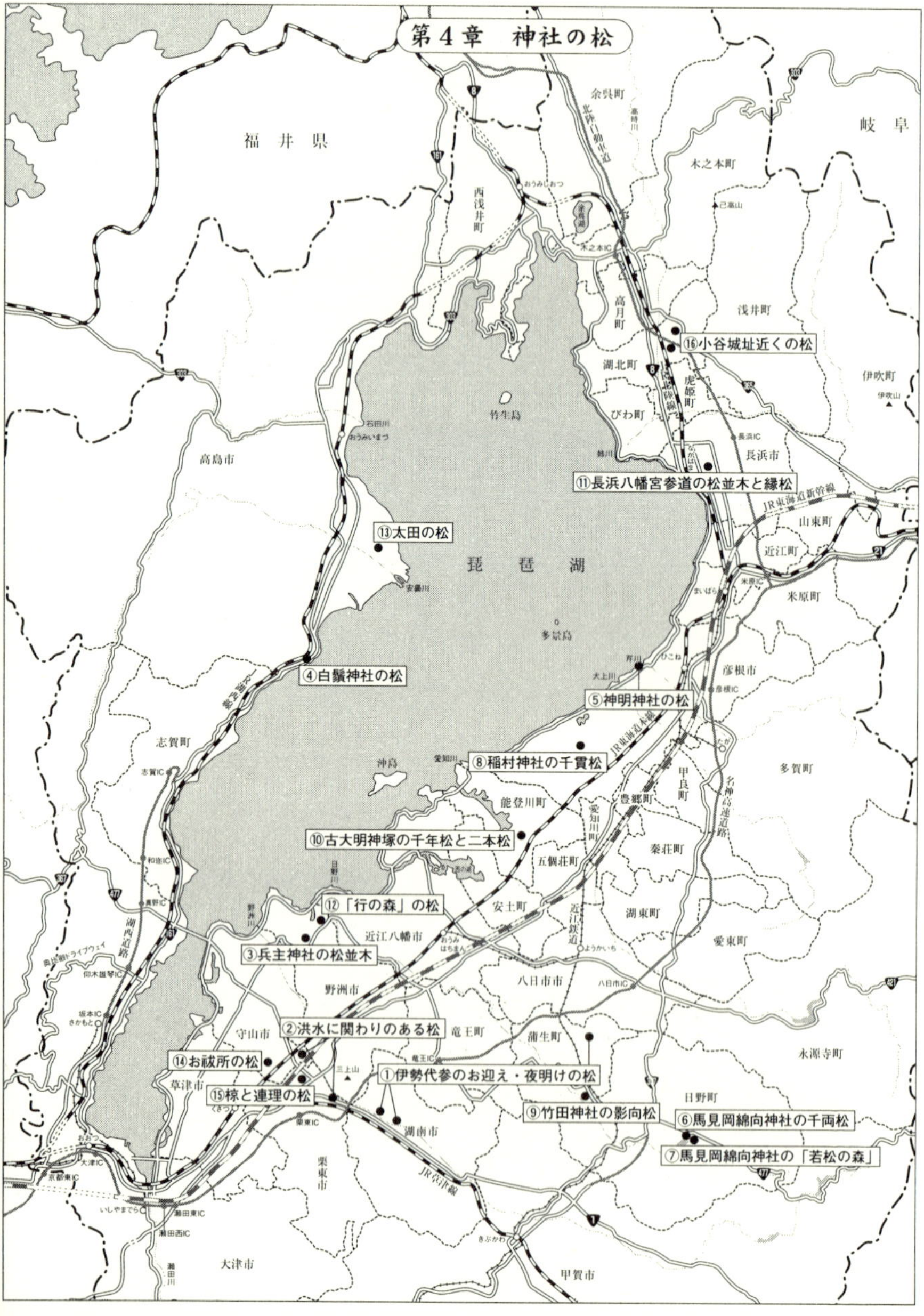
第４章　神社の松
福井県
岐阜
余呉町
北陸自動車道
木之本町
西浅井町
高月町
浅井町
⑯小谷城址近くの松
湖北町
虎姫町
伊吹町
伊吹山
竹生島
びわ町
長浜市
高島市
⑪長浜八幡宮参道の松並木と縁松
JR東海道新幹線
山東町
⑬太田の松
近江町
琵琶湖
米原町
多景島
④白鬚神社の松
彦根市
⑤神明神社の松
志賀町
⑧稲村神社の千貫松
多賀町
沖島
甲良町
豊郷町
能登川町
⑩古大明神塚の千年松と二本松
秦荘町
五個荘町
⑫「行の森」の松
安土町
湖東町
近江八幡市
③兵主神社の松並木
愛東町
八日市市
野洲市
守山市
②洪水に関わりのある松
竜王町
蒲生町
⑭お祓所の松
永源寺町
①伊勢代参のお迎え・夜明けの松
草津市
⑮椋と連理の松
⑨竹田神社の影向松
日野町
⑥馬見岡綿向神社の千両松
湖南市
⑦馬見岡綿向神社の「若松の森」
栗東市
JR草津線
大津市
甲賀市

第5章　天狗・河童伝承にかかわる松

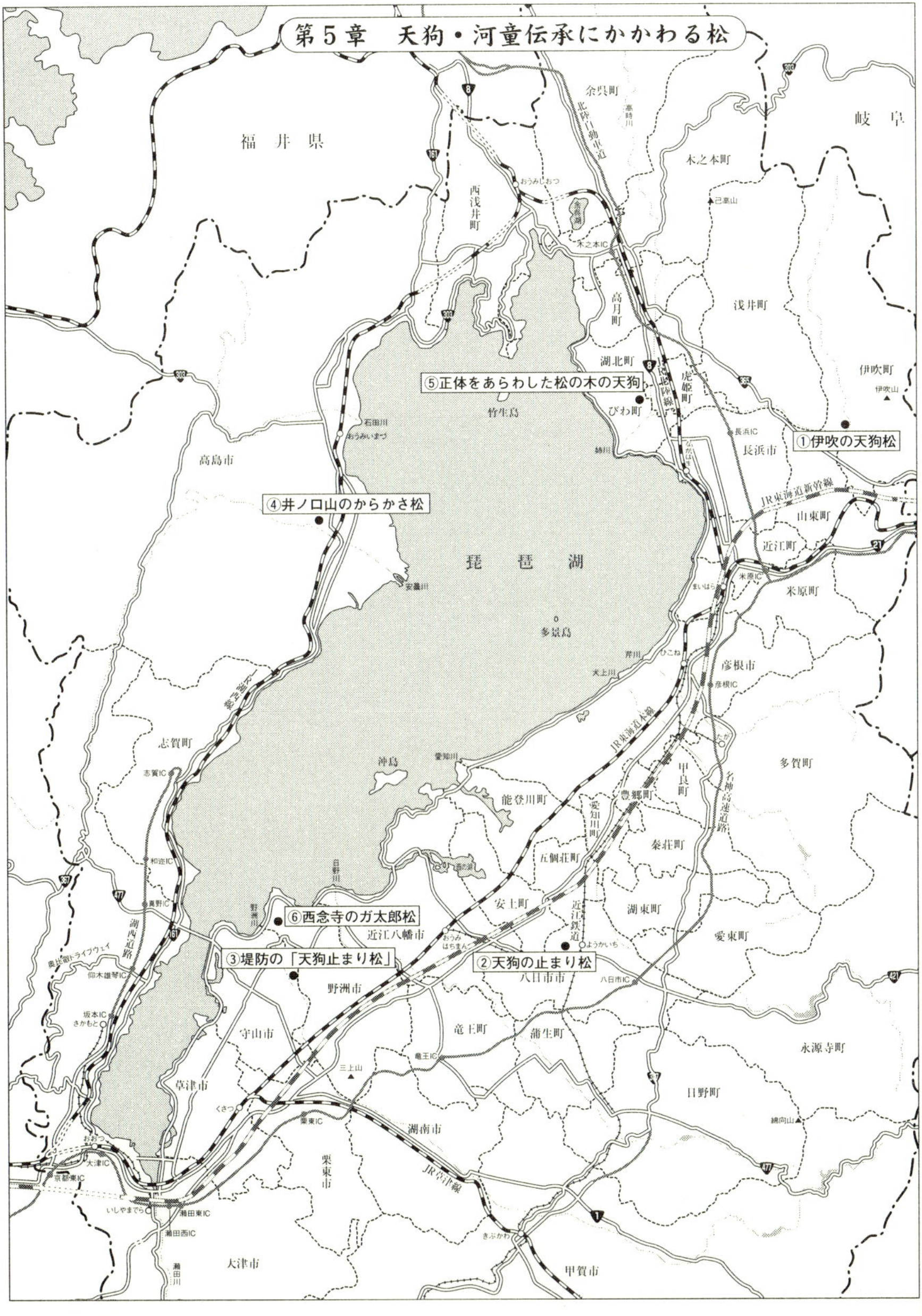

本文に掲載の写真は、昭和五十七年（一九八二）から平成十一年（一九九九）にかけて著者が撮影したもので、現状とは異なるものもあります。

第一章

由緒のある名松

1 美し松

●湖南市平松

『東海道名所図会《ずえ》』、『伊勢参宮名所図会』（ともに一七九七年刊）などにも描かれ、東海道を旅する多くの旅人が立ち寄って国への土産話にするなど、古来、名松として広く知れわたっていたのがこの美し松《うつく》。下部から幹が多数の枝分かれとなり、庭木の多行《たぎょうしょう》松によく似たほうき状の特異な樹形をしていることから「学問上の参考資料として価値が大きい」と大正十年（一九二一）国の天然記念物に指定された。自生地は、湖南市中央にある美松山（標高二二七・六メートル）の南東斜面。かつては二百五十本余りが自生していたが、松食虫被害などで枯れ、現在、樹齢百年以上のものは二〇六本、補植したもの三十本となっている。

この美し松は昔から「ミゴマツ」とも呼ばれ、地元の松尾神社の神木。平安時代、病身の兵衛尉藤原頼平が保養のためこの地に移り住み、京都の松尾神社から明神を勧請したと伝え、頼平が病気になったとき山から数人の美女が舞い降り、「松尾明神さまにお仕えしているものです。明神さまから、あなた様をお護りするようにと頼まれて参上しました」と告げ、また山の中へ消えた。そのあと一帯に生えていた雑木が、いつのまにか美しい松に変わっていたとの伝説がある。また奈良時代の僧・行基が石部の北の亀ケ淵へ赴いたときに用いた松明《たいまつ》を山に置いたところ、それが根づいたのが始まりという説も伝わっている。

自生地は現在、三上田上《みかみたなかみ》信楽県立自然公園に編入されているが、古来、美し松は多くの歌に詠まれてきた。当時、地元・平松の代官で俳人としても知られていた奥村亜渓とその妻・志宇女は美松を題材にした知名士の歌を集めて「千歳集」を編んでいる。

尋ね来て　今日ぞ近江の里人の
　うつくし松というも理《ことわ》り　　高木与吉郎源守正

千代かけて　神の恵にあふみ路や
　添ふる緑も美しの松　　牧野伊予守源成著

紅葉も花も及ばぬ深緑
　これぞ近江の名に立てる松　　大久保讃岐守藤原忠実

また二柳山人の句に「落ち葉さへこぼさぬ松の育ちかな」というのがある。樹形が傘のようになっているので、落ち葉さえ落とさない美し松の特徴を、よくとらえた句になっている。

「少々の雨でも、ぜひ行きたい」。側近にこのようにもらされた昭和天皇は、昭和五十六年（一九八一）秋に開かれたびわ湖国体のとき、わざわざ立ち寄って美し松の自生地を見学された。植物学者・三好学博士は滋賀県保勝会発行の報告書（大正十三年）序文で、次のように解説している。

「この松は赤松の変形たるや疑いなし。しかしその変形が偶然、変化によれる奇態なるか、また特異の地味によれる異常発生なるか実験によらずんば判断すべからずとするも、現状より見れば後者の原因、またあずかって力あるがごとし。何となれば美松の発生する場所は一帯の岩上にして角岩よりなり、表面は薄き土に被わるれども、ところどころに岩石の露出せるところあり。土地の状態このごとくなるにより、根の発生を妨げ、交互作用によりて幹の生長の変調を起こし主幹は真っすぐに伸びずして数多の枝に分かれてついに特異の傘形を呈するに至れるや知るべからず。かの岩上に生ぜる赤松が往々、傘形をなすことあるは従来、認められたるところなるが、ただこの美松山に於けるがごとく一区域の松樹がみな傘形となれるは他に比類なき奇観というべし」。

そして京都新聞記事（平成十四年一月二十日付）によると、滋賀県森林センターは約三十年がかりで調査、遺伝様式を初めて解明した。その調査ではウツクシマツの変形はメンデルスの優劣の法則に従い、劣性遺伝子によって形質が子孫に伝えられた現象とみられるとしている。劣性遺伝子の場合、ほかの遺伝子に圧倒されて形質をあらわさないため、優性形質によって遺伝される形質より不利なことが多いとされている。

美し松自生地

2 唐崎の松

●大津市唐崎一丁目

琵琶湖畔に建つ日吉神社の摂社《せっしゃ》、唐崎神社の境内にあり、現在のものは三代目（四代目という説もある）。古来、播陽曽根の松、奥州高館《たかだち》の松とともに、わが国の三大名松の一つに数えられている。

初代の松の起源は、かなり古い。日吉神社に伝わる日吉記によると、第三十四代・舒明天皇の代（六二九〜六四一）、唐崎神社の社務・上祖琴御舘宇志丸宿祢が常陸国鹿島から上洛して琵琶湖の三津浜に居住。庭前に植えた軒端の松が始まりという説。そして第三十八代・天智天皇の志賀大津宮の頃（六六八）、船着場の目印に植えた松という説もある。いずれにしろこの初代は天正九年（一五八一）、大風で倒れ枯死している。

この初代の松は堂々とした樹姿をしており、まさに天下の名松にふさわしいものであった。明応九年（一五〇〇）、佐々木高頼の招きで来遊した近衛政家、尚通父子が中国の洞《どう》庭湖《ていこ》八景を真似て湖畔の八景を歌に詠んだ、いわゆる「近江八景」にも「唐崎の夜雨《やう》」と

琵琶湖から望む唐崎の松（大正２年、滋賀県発行『近江名木誌』より）

現在３代目の唐崎の松

題してとりあげられているほどである。

夜の雨に音を譲りて夕風を　外に名立つる唐崎の松

二代目は天正十九年（一五九一）に植えたとあるが、それまでの十年間、名松の絶えることを惜しんだ佐々木義郷が、志賀の地元民に命じて、無動寺山から松を移植したという伝承もあるが定かではない。

いずれにしろ二代目を植えたのは、第三代大津城主・新庄直頼と弟の直寿だった。二人は側近に命じて枝振りのよい黒松を別保《べっぽ》村（膳所《ぜぜ》）の山で見つけ、それを城内に移植。さらに再移植したものと伝える。青蓮院尊朝親王が天正二十年に書いた「唐崎松の記」には、次のように記述されている。

「此の松はいつぞやの大風に倒れてかたばかりも残らず侍れは、御幸の神感も事絶へぬるやうに世にも言ひ合へり爰新荘駿河守直頼とて文武の士あり、五常も自から備へたる人なり、されば大津の城郭を預け給ふ其側に松菴、雑齋とて二人あり、此主の後見にて相副はれしか、彼松の事、時々悔て弟の雑齋出で之を栽んとて家中の者に言付て、風情ある松をと尋ねられしに、辛ふして掘り求め栽えられ、周りには垣を結び、如何様にもげにげにしければ、往来の人も目留ぬは少し、時に天正十九年卯歳の秋の末なり」。

唐崎の松の株の２代目

その二代目は樹高十メートル、目通幹周九メートル、枝張りは東西七十二メートル、南北八十六メートルもの巨松に成長したが、惜しくも大正十年（一九二一）、樹齢三四八年で枯死した。現在の三代目は、その二代目の根本に実生し育ったもので、樹齢一九〇年、幹は二本に分かれ、樹高十一メートル、地上の高さ一メートルの個所から枝が四方に伸び、枝張りは東西四十メートル、南北三十五メートルと、これまた名松の名に恥じない樹姿をしている。

古来、これほどまで多くの歌に詠まれた名松はほかにない。

唐崎の松は扇の要にて　こぎゆく舟は墨絵なりけり

天台座主《ざす》にしばしば任じられ、後鳥羽上皇主宰の歌壇で活躍した歌人でもあった慈鎮《じちん》（慈円）和尚の歌である。この歌を詠んだ場所からの琵琶湖の眺めは素晴らしく、のちにこの地を「要の宿り」と呼ぶようになった。「宿り」とは休憩所のことで、比叡山の表参道には宿りが幾つもあるが、そのなかで有名なのが、この「要の宿り」である。谷間から望む琵琶湖は、峰と峰との間に、あたかも扇を広げたように広がる。唐崎の松はまさに、その扇の要である。夕暮れどき、湖面には漁舟が浮かぶ光景は、そのまま一幅の墨絵である。

松尾芭蕉も、句を残している。近くの堅田にある本福寺《ほんぷくじ》を訪ね、芭蕉の門人だった住職の千那とともに詠んだ「辛崎の松は花より朧《おぼろ》にて」は有名。『野ざらし紀行』に「湖水の眺望」と題して収められている。

絵画では歌川広重の「近江八景」八枚の「唐崎夜雨」、山元春挙の大作「唐崎の松」（六曲一双）、岸竹堂の代表作「大津・唐崎図」（八曲一双）、麻田辨自の「唐崎之松」などがある。

歌舞伎「愛護の若」、そして浄瑠璃の素材にもなっている伝説の主人公「愛護の若」という美少年が、比叡山の叔父に会いにいく途中、琵琶湖畔で食べた昼食に使った箸が根づき、それが唐崎の松になったという伝説。少年は叔父がいる寺にたどり着くことができたものの、結局、会うことができなかったので滝壺に身を投げるという悲しい物語。少年は昼食をとったとき、次のような独り言を残している。

「あいごの若が世に出るならば松も千本葉も千本、この世に出ぬならば松も一本葉も一本」

古来、唐崎の松を、唐崎の「一葉松」「一つ松」とも呼んでいる。『諸国俚人談』には「近江国志賀郡唐崎の松は一茎一葉なる名高き名木にして世に知る所なり」、また『日本奇跡考』にも「辛崎の一つ松は一本といふの謂にあらず、此の松は一茎に葉ひとつあるがゆへなり」と記されている。愛護の若がつぶやいた独り言の後者「松も一本葉も一本」と同じになっているから不思議である。

唐崎の松は名高い名松ということで、実生を移し植えられ、それが見事に名松に成長したものが幾つかある。近くでは「新唐崎の松」。富崎町の氏神・磯成神社の御旅所にある松がそれで、現在のは二代目。この地に日吉神社の社家祝部行麿が居住していたときの天正年間、唐崎の松の実生を庭に植えたもので、その初代は昭和四十年頃に枯れ、植え継がれた。

この「新唐崎の松」の初代は、親にあたる「唐崎の松」に劣らないほどの樹姿をしていた。大正十三年三月、滋賀県保勝会が発行した滋賀県天然記念物調査報告書に、次のように記されている。

「樹姿唐崎の老松に似たれば新唐崎松、又小唐崎松とも称す。（中略）唐崎の老松既に枯死せるを以て大正十一年十一月、移霊祭を挙げ、本樹をもって第二世唐崎松となせり。大正十一年九月県保勝会標石を建つ」。

堅田・本福寺のほど近く、平安時代から堅田一帯の漁業や船運を取り仕切ってきた居初《いそめ》家（大津市本堅田二丁目）の庭園には昭和初期まで、「小唐崎」と呼ばれた樹齢五百年以上の老松があった。たびたびこの庭を訪れていた小林一茶は、次の句を詠んでいる。

湖よ松　それから寿々み始むべき

庭園を設計し、松を植えたのは藤村庸軒と北村幽庵。二人は師弟の間柄で、庸軒は茶道庸軒流の祖。江戸前期の茶人・千宗旦の高弟で、千利休の孫に当たる。居初家とは親戚で当時、堅田に住んでいた幽庵は庸軒の門弟で、茶の水の良否の鑑定に優れるとともに、会席料理や造園にも通じていた。二人は居初家十九代当主の居初市兵衛に頼まれ天和年間に、この庭園と茶席「天然図画亭《てんねんずえ》」を合作した。庭に植えられていた大松を小唐崎と名付けたのは堅田藩主・堀田正高。茶席は寛政末年頃に居初家と交流のあった天台宗僧侶・六如上人が命名した。天然図画亭としたのは琵琶湖や三上山を借景とした眺めが、自然の風景を切り取ったように見えたからである。庭園は国の名勝に指定されている。

北陸・金沢の名勝、兼六園のシンボルである霞ケ池の池中に広く枝を張っている「唐崎松」は天保八年（一八三七）、十三代藩主・斉泰が近江八景を模して池を拡大整備したとき、近江の二代目・唐崎の松の実生を移植したもので、とくに雪吊りの樹姿は見事である。

また宮城県岩沼市にも、二代目・唐崎の松の実生から育った唐崎松がある。阿武隈《あぶくま》川の水運を取り仕切り、荷物問屋だった渡辺家庭園にある老松。伊達藩のおかかえ庭師・清水道竿の弟子・星野益三郎が文久二年（一八六二）、近江八景を模して築庭したおり、やはり二代目の実生を取り寄せて植えたものとされ、庭園の東南の塀側にあって、枝張りが扇状の樹形をしている名松である。

3 今然寺の臥龍松

●大津市浜大津三丁目

京阪石山坂本線の三井寺駅の南にある浄土宗今然寺《こんねんじ》の本堂前の庭にある黒松。幹は横の庫裏《くり》玄関前に生えており、樹高は約四メートル。地上二メートルで二枝に分かれ、水平に西の門に向かって伸びる太い枝の長さは十メートルもある。かつてはその先端が門に届いていたが、昭和四十年頃に来襲した台風のあとの虫害により三メートルほど切り落とされた。

今然寺は京都市上京区の称念寺、愛知県犬山市の専念寺とともに建立された念仏の根本道場。かつては北へ約一キロのところ、近江神宮そばの錦織《にしこおり》にあったのが、天正十年(一五八二)、現在地へ移転した。

この臥龍松《がりょうまつ》は今然寺が現在地へ移転する前からあったと伝えられているので、樹齢は四百十年以上ということになる。そして現在地の町名は今堀。大津城のお堀があったところで、寛保二年(一七四二)の町絵図では東北西と三方を堀で囲まれ、西側の堀は今堀関

今然寺の臥龍松

という荷揚場になっていた。そこは百々《どど》川河口や川口堀に陸揚げされた薪《しん》炭《たん》を扱う荷問屋や仲買人が多く住む町だった。従ってこの松は荷揚場の目印に植えられていたのかも知れない。

4 福聚院の黒松

●大津市本堅田二丁目

琵琶湖の北湖と南湖とののど首に位置し、中世から湖上交通や琵琶湖の漁業の特権を掌握し、諸浦の親郷《おやごう》として発展してきた本堅田の堅田漁港近くの福聚院《ふくじゅいん》境内にある黒松。推定樹齢は三百年。樹高十五メートル、幹周二・七メートル。幹の中は地上六メートルまで空洞化しているが樹勢は旺盛である。

福聚院は臨済宗大徳寺派の末寺で、開山は海岸了義禅師と伝える。禅師は徳島の阿波の出身。大徳寺の開山・宗峰妙超禅師（大灯国師）について修行。摂津（兵庫）に妙観寺を開創されたあと近江にこられ福聚院を創建されたと伝える。大徳寺に残る大灯国師書状によれば建武中興の抗争で諸国が混乱したとき、妙超禅師の命で南朝方の使者となり南帝へ行く途中、関所にいた北朝方の関吏に「北朝方の夢窓国師（天龍寺の開山）の弟子になれ」と薦められたが、「出家して坊主になったものが、己の死を恐れて師匠を変えることはできない」と断ったため首をはねられたとある。そのとき赤い血ではなく、白い乳状のもの

福聚院の黒松

が出て路上を染めたので関吏は「さすが修行されたお坊さんだけある」と感嘆、悔謝したと書状には記されている。

ところで黒松についての由緒は、何も伝わっていない。福聚院は創建から二度にわたって火難に遭っている。二度目の火難は正徳元年（一七一一）夏と記録にある。そして、三年後の正徳四年（一七一四）に再建された。臨済宗の宗祖・臨済義玄禅師の松樹栽植の因縁、そして樹齢から推測すると、再建されたおりに山門の境地として植えられたのではなかろうか。

黒松が植わっているところは、門を入って左側の庭の片隅。門と松の間には、弘化二年（一八四五）建立の法華塔がある。この塔には大乗経典である法華経の一字一字を刻んだ小石が納まっており、三界万霊を供養するために建てられた供養塔。松はこの塔のそばにあり、幹は門前の道路まで張り出している。漁港から眺めると平成元年に再建された本堂、庫裏、鐘楼などの伽藍《がらん》がこの松によって引立てられている。それほどまでに貫禄がある名松。沖を往き来する船頭らは、この松を一つの目印にしていたかも知れない。

5 彦根城のいろは松
●彦根市尾末町

彦根城の表玄関に当たるお濠《ほり》の外縁、道路に沿って植えられている松。元和元年（一六一五）年に彦根城が築城されたあと、二代目藩主・井伊直孝（一五九〇～一六五九）のとき、四国の土佐から移植されたと伝えられ、当初、四十七株あったので「いろは歌」四七文字になぞらえ「いろは松」と呼ぶようになった。現在、三十四本あり、樹高二十メートル弱、目通り幹周一メートル。当初に植えられたと見られる樹齢三百年以上のものは二十二本、残り十二本は昭和三十三年（一九五八）から補植されたものである。

築城に際し、城山には不断の防備と籠城《ろうじょう》のため、多くの松が植えられた。外観の美しさを考慮して天守閣付近と鐘の丸一帯には伊予宇和島の赤松が植えられた。これに対し「いろは松」が土佐から移植されたのは、土佐松は根が地上に露出しないので通行の邪魔にならないという配慮からである。

松は痩地など条件の悪い土壌でも根づく樹木とされているが、その松でさえも築城の折

彦根城のいろは松

りはなかなか根づかなかったとみられる。そこで藩老木俣《きまた》土佐守は松ごとに木札をつけ、それに藩士の名前を記載。その松は名前が記載されている藩士の責任で根づかせるよう、これ務めさせたと伝えられている。

この「いろは松」はＮＨＫで昭和四十八年（一九七三）に放映された大河ドラマ「花の生涯」の最初のシーンで、長野主馬（後の主膳）とたか女がめぐり合う舞台になったことでも知られている。舟橋聖一原作の「花の生涯」には、次のように記されている。

土佐の国から移し植えたという、いろは松は外濠の縁に四十七株のみどりをたたえて居た。――主馬は城下の名物の一つであるいろは松のところまできたとき立止って、やや気色ばんで訊ねた。するとたか女はまたしても心の先きを読む様に「御安心なさいませ。今宵のことは誰にも口外いたしませぬ。名もない女でございます。」

⑥ 大池寺の開山・臥龍松

●甲賀市水口町名坂

小堀遠州系の作庭様式を伝える枯山水庭園で知られる臨済宗妙心寺派、大池寺《だいちじ》の庫裏前庭にある黒松。樹齢は三百三十年以上、樹高三メートル、幹周一・四メートル、地上二・八メートルの高さから東へ伸びた約十メートルの枝から枝分かれした枝葉が、庭の全面を覆っている。庭には、饅頭の樹形をしたつつじが幾株も植わっており、その上に龍が横たわっているかのように見えるので、「臥龍松《がりょうまつ》」と呼ばれるようになったのであろう。

寺伝では、大池寺の中興開山・丈巌慈航禅師のお手植えとされている。同寺は天平年間（七二九〜七四九）、行基によって創建された。七堂伽藍《しちどうがらん》を整えた立派な寺であったが、兵火によるなどして一時荒廃、それを寛文七年（一六六七）、整備修築して中興したのが丈巌禅師である。

丈巌禅師は仙台市の経ケ峰中腹にある妙心寺派、瑞鳳寺三世で、その瑞鳳寺は仙台藩の藩祖・伊達《だて》政宗死去の寛永十三年（一六三六）、二代藩主・忠宗が政宗の追善のために創建。以後、伊達家累代の香華所として一門格に列し、山内に伊達家三代の廟所《びょうしょ》（瑞鳳殿、感仙殿、善応殿）があるなど名刹として知られている。

大池寺の開山・臥龍松

7 妙感寺の大松

●湖南市三雲

臨済宗妙心寺派の本山・妙心寺二祖、授翁宗弼禅師が開山である妙感寺方丈前、参道脇の池畔にあり、樹高二十余メートル、目通幹周は約二メートル、樹齢は三百五十年以上と見られている。十数年前までは、この松から墓地があるところまでの山裾に、同じような大松が十数本も植えられていたが枯れ、圃場整備を機に伐採された。

開山の授翁禅師は、元弘元年（一三三一）九月、幕府軍の追っ手から逃れるため、笠置山を落ちのびられる際、後醍醐天皇に付き添った藤原藤房その人。和束《わづか》から険しい山を越え、南山城の綴喜《つづき》郡井手町田村新田、有王山麓の松の下で休まれたとき天皇は「さしてゆく笠置《かさぎ》の山をいでしよりあめが下には隠家もなし」と詠まれた。これに対し藤房は「いかにせん馮《たの》む陰とて立よれば猶袖ぬらす松の下露」と返し、天皇を慰めたことで知られる。

藤房は公卿の頃から大徳寺の大燈国師に参禅、三九歳で出家。授翁宗弼と号して諸国を行脚されたあと、妙心寺の開祖・関山慧玄禅師について修行し大悟、妙心寺二祖になられた。晩年、病を患い妙感寺に隠棲《いんせい》、八五歳で遷化《せんげ》された。そして昭和二年（一九二七）、天皇から微妙大師の諡号を賜っている。

妙感寺の大松

この妙感寺を中興したのが愚堂東寔禅師である。妙心寺百三十七世。天皇から大円宝鑑国師の諡号《しごう》を賜り、剣豪・宮本武蔵が参じたことでも知られる。その愚堂禅師が妙感寺に来山されたのは寛文元年（一六六一）である。

臨済宗の宗祖・臨済義玄《ぎげん》禅師が師匠の黄檗《おうばく》希運禅師の「たくさんの松があるにもかかわらず、境内になぜ松をせっせと植えるのか」

との問いに、「一つには山門の境地となし、一つには後人の標榜《ひょうぼう》となさん」と答えたという松樹栽植の因縁から、臨済宗の寺院では古来、松をよく手植えする風習がある。

さらに妙感寺の開山・授翁禅師は次のような三所倭歌を遺されている。

・丹波の国をさりし時に
住みする宿をいつくに人とはは
あらしや庭の松にこたえん
・よしのの住家をさるとて
ここも又浮世の人のとひくれは
遠山ふかく宿もとめてん
・三雲の郷の山ふかく住みなれて
世のうさをよそに三雲のくもふかく
てる月かけや山居の友

授翁禅師が歌われた三所倭歌の「庭の松」、宗祖の松樹栽植の因縁などを勘案、三百五十年以上という樹齢に照らし合わせてみると、妙感寺の大松は愚堂禅師が中興されたときの印として植えられたのではないかと推測することができる。

8 信長、駒つなぎの松

●神崎郡永源寺町甲津畑

鈴鹿山脈の杉峠・根の平峠（標高八〇三メートル）を経て三重県とを結ぶ山越えの道、いわゆる「千草越《ちくさごえ》」の滋賀県側登り口になっている甲津畑《こうづはた》の速水家前庭にある黒松。樹高約六メートル、幹周約二メートル、根本近くから幹にも劣らないほどの太い枝が、つま先登りのような形で東へ伸び、その長さは一七～一八メートル。以前にはもう一本の枝（長さ五～六メートル）が、やはり東へ伸びていたが、大雪で折れていまはない。樹齢は四百～四百五十年。庭を広く覆った枝葉は東西に二つの傘状となり、名松に相応しい樹姿を形づくっている。

その昔、織田信長が近江と美濃尾張を往復したとき、たびたび利用したのがこの千草越。その際、杉峠から八日市市の布施山山麓、布施までの間を護衛したのが、速水家の先祖・速水勘六左衛門であった。六角承禎《しょうてい》（義賢《よしかた》）の意向を受けた杉谷善住坊が鉄砲で狙撃したとき、信長を手引きして助けたのも勘六左衛門とされている。こうした関係から信長は

信長、駒つなぎの松

道中、速水家でいつも休憩しており、そのたびに庭前の松に馬をつないだので、「信長、馬つなぎの松」という呼称がついたとされている。

なお布施に住んでいた布施一族の一人、布施藤九郎公保は、信長の馬廻衆を務めている。

9 本誓寺の青鶴松

●蒲生郡日野町日田

真宗大谷派の本誓寺にあり、山門脇の鐘楼《しょうろう》横から枝葉を本堂に向かって伸ばしている。推定樹齢は三五〇年。樹高一二メートル、目通り幹周二・一六メートル、枝張りは約一五メートル。六〇本の支柱で支えられた枝葉は、本堂前の広い庭半分近くを覆っている。

同寺は日野牧五カ寺の一つ。慶長八年（一六〇三）、本願寺が東西分立した折り浄秀が日田の本誓寺、弟の浄了が松尾の本誓寺（真宗本願寺派）に新立住持。両寺は寺基を同じくしている。こうした経緯から日田の本誓寺を東本誓寺、松尾の本誓寺を西本誓寺とも呼んでいる。

ところで東本誓寺の松だが、いつ、誰が、なんのために植えたかは不明だが、「青鶴松《せいかく》」と命名されており、滋賀県第二代目の知事だった籠手田《こてだ》安定氏の書いた額「青鶴松」が庫裏にかかっている。

諸橋轍次《てつじ》編『大漢和辞典』によると、青鶴は「人面鳥喙《かい》八翼一足で、善く鳴く禽」のこ

本誓寺の青鶴松

と。そして「此の鳥が鳴く時は天下が太平だという」とされている。同寺の松の樹姿が「八翼一足の禽（鳥）」にそっくりなことから、「青鶴松」の名がついたと推定できる。

そして松名を揮毫した籠手田知事だが、同氏の息女が事情あって同寺に預けられていたことがある。それがため同氏は同寺を再々、訪れたのだろう。その籠手田知事は平戸藩士だった桑田安親の長男で、長崎県平戸市の出身。平戸藩の京都探索掛として活動したあとの明治元年、大津県判事試補になった。その後、大参事、滋賀県権令、県令と滋賀県政を長く務めあげ、とくに勧業・教育面で大きな実績をあげている。その後、元老院議官を経て島根、新潟、滋賀の各知事を歴任した。（滋賀県での在任期間は明治八年四月～同十七年七月）。知事のあとは貴族院議員、男爵。剣道を好んだ明治期の、優秀な地方行政官といえる。

第二章

天皇家にまつわる松

1 明治天皇の止鑾松

●彦根市高宮町

中山道に面した浄土真宗円照寺（彦根市高宮町）の境内、明治天皇が明治十一年（一八七八）秋、北陸・東海地方を巡幸されたとき同寺にお泊まりになり、そのとき本堂と庫裏の間に建てられた行在所の書院玄関前にある黒松。樹齢は三百年以上、樹高約二十メートル、枝張り半径約十五メートル、いつ頃、誰の手で植えられたかは不明だが、側に建つ大きな本堂を凌駕する樹姿である。

この松を有名にしたのは、「止鑾松《しらんまつ》」という、松についている名前による。「鑾」とは天皇のお召車のこと、鑾駕《らんが》ともいう。つまり天皇のお召車を止めた松ということで、同寺に明治天皇がお泊まりになったあと、この名前がつけられた。

明治天皇が円照寺にお泊まりになるのは当初、明治十一年十月十一日だけの予定だった。ところが三重・桑名市付近に伝染病が発生したため、急きょ、帰途の予定が変更になり、十月二十一日にもお泊まりになった。都合、二泊されたのだが、お泊まりになる前、宮内

明治天皇の止鑾松

庁の係官が下調べに同寺を訪れたときのことである。お召車を行在所になる書院の玄関前につけるには、どうしても大きな松の枝が邪魔になる。そこで係官は「この松枝を伐り払うように」と命じた。すると住職は「それだけの枝を落とせば、松は枯れてしまいます。どうしても伐れとおっしゃるなら、いっそのこと、根本から伐採します。そのように陛下に言上して頂きたい」と申し出たところ、それを耳にされた天皇から「立派に大きく育っている松を、私ひとりのために伐るのはしのびがたい。伐らなくてもよい。松の手前で車を降りて歩くから」というご返事で、松は伐採を免れることになったという。

天皇の行在所になった書院は松とともに、当時のままの状態で残されている。

2 昭和天皇お手植え松
●大津市神領一丁目

旧官幣大社の建部《たてべ》大社（大津市神領《じんりょう》）には、昭和天皇がお手植えされた黒松がある。拝殿東側にあるのがそれで、天皇が皇太子であったころの大正七年（一九一八）四月四日、同大社へご参拝になったおり、記念にとお植えになったもので、いまでは大木となり、枝をていていと繁茂させている。

松は古来、神霊が出現するときの媒体となる樹木とされているので朝野《ちょうや》とのつながりが深く、昭和天皇も松をこよなく愛された一人である。全国植樹祭には毎年ご出席になり、十二会場で松の苗木を植樹されているし、松をお詠みになった御製も多い。

ふりつもるみ雪にたへていろかえぬ
　　松そおおしき人もかくあれ

建部大社の祭神は日本武尊《やまとたけるのみこと》である。古事記、日本書紀の記述では父君である景行天皇（西暦七一～一三〇）の命で、弱冠十六歳で熊曽建《くまそたける》兄弟を討伐、さらに東夷《とうい》を征伐しての帰途、伊勢の能煩野《のぼの》で崩御された。父君は皇子・尊の死を嘆かれ、御名代として建部を定め、その功名を伝えられたことが同大社の起源になった。そのため同大社は朝野の崇敬が篤く、昭和天皇も松をお手植えされたとき、千七百年前に思いを巡らされたのかも知れない。

同大社は近江国の一の宮だけあって古来、境内には松樹が多い。なかでも見事だったのは、第二参道の東脇に生えていた老松。目通し幹径一メートルで、弥栄《いやさか》の神木「産霊《むすび》の木」と呼ばれていた。それが昭和五十年頃、ついに枯れ、地面を這うような姿態で倒れてしまった。大社では「大神様の御神威のまにまに幾百年の間、弥栄、繁昌をつづけた境内林中、唯一のありがたい神木」ということで昭和五十三年、松根を掘り起こして絵馬殿に祀り、「松根は松魂、そして商魂に繋がる。この御神木のように逞しく、弥栄えまして、皆様の御家庭が一層、開運発展されますように」と呼びかけている。

3 嵯峨天皇・遺髪の霊松

●蒲生郡蒲生町鋳物師

臨済宗妙心寺派の涌泉寺（蒲生町鋳物師《いもじ》）の本堂裏、墓地後ろの少し盛り上がった小さい森の中にある第五十二代・嵯峨天皇（八〇九～八二三）かたみの頭髪が埋めてあると伝える遺髪塚に生えていた霊松。嵯峨天皇の父君・桓武天皇の遺髪という説もある。いずれにしろ、大正二年発行の『近江名木誌』にも「周囲四尺、樹高六間、樹齢七百年」と記されているから、相当な老松だった。

この老松は「伐ると祟りがある」と恐れられていた。『近江名木誌』には「あるとき寺僧、これを伐採せんとして、忽ち神気に打たれ、戦慄して遂に死亡せしと言い伝え、里人大いにこれを恐るという」と記述されている。近年、松食虫被害で枯死したときも、祟りを恐れて伐採が躊躇《ためら》われたが、「枯れたのを放置しておくと危険」ということで伐採された。そのときは松にお酒を供え塩で清め、お経を唱えながら伐り倒された。

文化年間（一八〇四～一八一八）に編集の『蒲生旧址考』によれば、「文安二（一四四五）年御衣塚、廟塔を志賀の梵釈廃寺から移した」とある。この記述が正しければ霊松は、塚が移されたおり、すでに樹齢百四十年の大松を他から移植したことになる。

④ 継体天皇の「ごんでんの松」

●高島市安曇川町三尾里

第二十六代・継体天皇（五〇七～五三一）が生まれた際の胞衣《えな》を埋めたという伝説に由来する胞衣塚の墳丘に生えていた一本の松。かなりの老松だったが明治三十六年（一九〇三）夏の大風で倒れ、枯死した。「ごんでん」は御殿が訛ったといわれ、塚のそばを流れる川を御殿川《ごんでんがわ》、周辺の水田に下御殿、上御殿、中御殿という字名もある。日本書記によれば汗斯王《うし》（彦主人王《ひこうし》）が近江国高島郡の三尾《みお》（高島市）の別宅に、越前国三国の坂中井（福井県三国町）から振姫を迎えて誕生したのが継体天皇である。汗斯王は間もなく亡くなったので振姫は幼児を郷里に連れ帰って養育していたが、武烈天皇の死去で王統が絶えたため、大伴金村らによって継体天皇が越前から迎え入れられ、即位されたという経緯がある。

継体天皇胞衣塚の松と伝える老松は、高島市宮野―鴨川右岸の平坦地にも生えていた。昔、戦に追われ、天皇とともに逃げてきた妃様が宮野の豪農に助けられ、可愛い皇子を出産された。豪農はそのときの胞衣を石棺に納めて集落の東方三百メートルの地に埋め、その上に一本の松を植えた。その皇子がのちの継体天皇である。

この松を地元民は「一本松」と呼び、地面を這うように枝を伸ばして繁茂。樹形の美しい松だったが、昭和九年（一九三四）九月二十一日の室戸台風で倒れ枯死した。胞衣塚の霊を地元では一本松の神様とし、旧村社の白山神社に合祀している。

コラム

聖徳太子と松

「桃李《とうり》は一旦の栄花、松樹は千年の貞木」という格言がある。モモやスモモの花は満開になると美しいが、すぐに散ってしまう。これに対して松の緑はいつまでも変わらないことから、すぐに心変わりする者と、いつまでも節操を守る者との比較をするときに使うたとえである。

この格言は、聖徳太子によって作られたと伝えられている。太子が幼少のころ、父君の用明天皇から「桃李と松の何れを好むか」と問われ、「それは松です。なぜなら桃李は一旦の栄花、松は千年の貞木だからです」とお答えになったという。

したがって聖徳太子は松をこよなく愛されたとみえ、太子に因む松は全国随所にある。

5 聖徳太子、駒つなぎの松

●神崎郡五個荘町石馬寺

五個荘町、能登川町、安土町の境にある繖山《きぬがさ》（標高四三二・七メートル）北麓、石馬寺《いしばじ》（臨済宗妙心寺派）の参詣口にあった松。何代も植え継がれてきた松も枯損により昭和六十二年（一九八七）五月に伐採され、その切株だけが残っている。

石馬寺は、聖徳太子が建立された由緒ある寺。いまから千四百年前の推古二年（五九四）、霊地を求めて近江国を巡行のとき、馬から降りて蓮池のそばに生えていた松につなぎ繖山へ分け入られた。山から下りてみると、繋いでいた馬はいつのまにか蓮池に沈んで石と化していた。この奇瑞に霊気を感じて建立されたのが石馬寺である。石と化した石馬はいまでも、蓮池に現存している。寺名もこの奇瑞に因むとされ、同寺には太子自作の聖徳太子馬上像、同合掌像があり、そして「石馬寺」と書かれた三字の木額は太子直筆と伝える。

聖徳太子が創立されて以後、同寺は法相宗、天台宗と転宗し、いまから三百有余年前、中興開山・雲居希膺《うんごきよう》禅師により臨済宗に改宗された。それを記念し、禅師自らが手植えし

聖徳太子、駒つなぎの松

た伝える松が、近年まで生えていた。「雲居松《うんごまつ》」と称され、樹高二十一メートル、目通幹周六メートルという大松になっていたが、松食虫被害で枯死、昭和五十一年（一九七六）に伐採された。樹齢約三百六十年。その株は衝立《ついたて》「雲居衝」に形を変え、同寺に残されている。

雲居希膺禅師は高知県の生まれ。大徳寺の賢谷宗良について得度し、妙心寺の一宙東黙に随侍してその法を嗣いだ。そして後水尾天皇に禅要を説き、仙台藩主の伊達忠宗に請われて松島の瑞巌寺に住寺、中興した。天皇から大悲円満国師の諡号を賜っている。

6 補陀洛松

●蒲生郡蒲生町木村

聖徳太子が開基と伝える真宗仏光寺派の長徳寺（蒲生町木村）本堂前にあった松。近年、松食虫被害で枯死した。太子が当地を巡行のおり、この松に幕を張って栴檀木《せんだんぼく》に仏体を刻まれた。それ以来、補陀洛《ふだらく》松または幕張松と呼ぶようになった。『近江名木誌』には「周囲十九尺、樹高六間、樹齢千三百年」と記されているから、かなりの老松であった。「補陀洛」は梵語Ｐｏｔａｌａｋａの音訳。正しくは補陀洛山と書き、インドの南海岸にあると伝説的に信じられている山で、観音菩薩の住所と伝える。そこから補陀洛信仰が生まれ、観音信仰を表している。太子が刻まれた仏体は観音菩薩ではなかったか。

7 中山道の松の畷

●彦根市地蔵町

南端を善利川《せりがわ》が西流している彦根市地蔵町の中山道にあった松の畷《なわて》。千四百年前の第三十代・敏達天皇（五七二〜五八五）の御代、疫病が蔓延した原因は大臣蘇我馬子の仏教崇拝にあるとして、大連の職位にあった物部守屋は仏殿、仏像を壊して仏教布教を拒み、敏達天皇が崩御され、用明天皇が立つと大王位をねらう穴穂部《あなほべ》皇子の命により、皇子の即位を阻んだ三輪逆《みわのさかう》を殺した。そして用明天皇も殺害したとする説もあるほどだから守屋は、用明天皇の皇子である聖徳太子をも狙っていた。それを立証するのが、聖徳太子の矢除け地蔵である。

この地蔵尊は現在、勝満寺（真宗本願寺派）に移されているが、かつては中山道の松の畷にあった。守屋の軍勢が追っ掛けてきたとき、太子はこの地に隠れておられたという。ところが守屋は、松の畷で太子の一行を見つけ、矢を射かけた。すると突如、松の畷の中に金色の地蔵尊が出現。全身に朝日をあびて立たれた。このため守屋の軍勢は目が眩み、戦うことができずに退却した。難を免れて助かった太子が後で調べると、松の根元に像高七十センチの地蔵尊があった。しかも像の右肩には矢が突き刺さっており、血の流れたあとがあったという。そこで地元民はその松の畷に一宇の堂を建て、その地蔵尊をお祀りした。

彦根近辺の六地蔵の一つであるこの地蔵尊は、「聖徳太子矢除け地蔵」、または「虫払い地蔵」と呼ばれ、多くの信仰を集めている。

8 惟喬親王お手遊松

●愛知郡愛東町外

千手川の川原（愛東町外《との》）にあった松。惟喬親王《これたかしんのう》のお手植えと伝え、『近江名木誌』には「周囲九尺、樹高十五間、樹齢千年」とあるから、かなりの老松だったとみえる。惟喬親王は、第五十五代・文徳天皇（八五〇〜八五八）の第一皇子。母君は紀名虎《きのなとら》の娘である静子。ところが右大臣藤原良房の娘・明子との間に第四皇子・惟仁《これひと》親王が生まれ、良房に気兼ねした天皇は即位とともに惟仁を皇太子にした。この皇子が次代の清和天皇である。

こうした事情から惟喬親王は、周囲を鈴鹿の山岳に囲まれた山間の集落である永源寺町蛭谷《ひるたに》に落ち延び、杣人《そまびと》に木地《きじ》を営むよう指導されたとする木地師の由緒がつくられた。親王を日本全国轆轤《ろくろ》祖神とする木地師の末裔が現在も遠くから、親王を祀る筒井神社に参詣するのは、そのためである。

このお手遊松は、親王が蛭谷へ行かれる道中に植えられたもので、別名を馬つなぎ松、天狗松とも呼んでいた。そして枯死して倒れ、朽ち果てた木片を持ち帰って置いておくと、赤ん坊の夜泣きが止んだといわれている。また親王はその道中、同町上中野で立ち止まって右手の大覚寺、左手の百済寺を拝み、あたりの小松を引き起こして植えられた。それが現在の山王林―八幡社の森であるが、現在、松はない。そして植えられたのは親王ではなく、親王を慕ってこられた親王妃だとする説もある。

甲賀市土山町の笹路《そそろ》、山女原《あけびはら》の両集落には正月、門松を立てない風習がある。笹路は田村川の分流・笹路川に沿って形成され、山女原はその川の最奥に位置し、昔は鈴鹿の関所の抜け道ともなっていた山間地である。惟喬親王が都落ちされるとき、この地にたどり着かれたのは年末であった。追手を警戒された親王は、身をかくまってくれるよう頼まれたが、地元民は正月準備に忙しいことを理由に断った。そこで親王は身分を明かし、「忙しければ門松を立てなくてもよい」と告げられた。喜んだ地元民は親王をかくまい、そして道案内をしてお助けした。それから門松を立てない風習が生まれたという。親王が滞在されたのは筒井家で、その末裔はいまでも、永源寺町蛭谷の筒井神社への参詣を続けている。

第三章　寺院の松

1 円願寺の御花松

●近江八幡市馬淵町

関東での巡錫《じゅんしゃく》、布教を終えられた親鸞聖人《しんらんしょうにん》は京都へ向かわれた。滋賀県へは関ヶ原から入られ、中山道を西進されたとみられている。そして近江八幡市の千僧供《せんぞく》町にある法然門弟・住蓮房と安楽房の墓に詣でたあと馬淵町の円願寺に宿泊。舟で日野川を下り、小田越えに上陸され、中主町の比留田《ひるた》から真宗木部《きべ》派本山、錦織寺《きんしょくじ》の天安堂へと向かわれた。円願寺と錦織寺には、それぞれ聖人旧跡とされる松がある。

円願寺にある「御花松」は、親鸞聖人が帰洛《きらく》の途次に立ち寄られた折り、本堂に生けてあった供花の稚松を、自ら手植えされたのが根づいたもので、『近江名木誌』には「周囲十五尺、樹高十間、樹齢六百八十年」と記されている。書院の前庭に生え、大人五人で抱えるほどの大松になっていたが、幹が朽ちて倒れる危険があったので昭和三十五年頃に伐採され、現在、実生からの二代目が門の外に植えられ、大人の背丈ほどに育っている。

本堂前には、庭いっぱいに枝を四方に伸ばした松（推定樹齢百年）がある。見事な樹姿をしたこの松は、昭和初年、門徒が花屋と一緒に、付近の山から移植したものである。

2代目の御花松（中央）

昭和初年に門徒が付近の山から移植した松

2 錦織寺の笈掛けの松

●野洲市木部

真宗木部《きべ》派本山・錦織寺《きんしょくじ》（野洲市木部）の御影堂西側、第百十三代・東山天皇から拝領した御常御殿の前庭にあった松。親鸞聖人が帰洛の折り、関東から背負ってきた笈《おい》を掛けられたと伝え、その笈の上には阿弥陀如来端坐の木造（像高五十四センチ）が安置されていた。

聖人によって笈が掛けられた初代は元禄七年（一六九四）の大火で枯死。その後育った二代目も根周り約五メートル、樹高三十メートルという大松になっていたが昭和五十五年、ついに枯れてしまった。

聖人が背負ってこられた阿弥陀如来像は同寺阿弥陀堂の本尊になっており、この如来像は真宗二十四輩の第四番、如来寺（茨城県新治郡八郷町）の本尊―「霞ケ浦から引き揚げられた湖中感得の如来像」とまったく同じものだと伝える。聖人が常陸国の稲田に草庵を結び布教されていたとき、「霞ケ浦の水底から夜な夜な光るものがあり、それがため漁が

錦織寺の笈掛けの松

できない」と漁師が困っていた。それを耳にされた聖人が漁師と一緒に、この光る物体を網ですくい上げたのが、錦織寺と如来寺に祀られている阿弥陀如来坐像であるといわれている。

そして錦織寺の創建は、「一本の松」の奇瑞による。

錦織寺は、唐での留学を終えて帰朝した円智が、師匠である第三代天台座主・慈覚大師円仁の命で堂宇を建て、延暦寺開祖・最澄（伝教大師）が彫られた毘沙門天王像を安置したのが始まりである。従って以前は天台宗で、天王像が安置される端緒となった「一本の松」が芽吹いたときの年号に基づき天安堂と呼ばれるようになった。

その天安堂創建のきっかけは、慈覚大師の夢枕にたたれた毘沙門天王が「近江は野洲にある霊松出現の地を尋ねて、其処へ我像を移せ」と告げられた因縁によるもので、その霊松というのが「一本の松」のことである。そして第五十五代・文徳天皇の御代であった天安二年（八五八）ある日のこと一本の松が生え、一夜にして樹高は一丈六尺（四・八メートル）にも達したという。天安堂へ詣でられた聖人は、ここへ三年間も留まり、

五劫思惟の苗代に　兆載永劫の年を経て　一念帰命の種おろし　雑行雑種の草を取り

念々称名の水流し　往生の秋になりぬれば　この実とるこそ楽しけれ

と唱和しながら、農民の手伝いをされた。

天台宗の天安堂に聖人がわざわざ立ち寄られたのは、西が近江に接している美濃国―中山道今須宿の聖蓮寺（関ヶ原町今須）に止宿された夜、夢枕に立たれた毘沙門天王の「野洲には、比叡での東塔北谷に安置されていた我が像があるから」という霊告によってである。

この地に聖人は三年ほど滞在されたのだが、その間の暦仁元年（一二三八）、天女が蓮の糸で織った紫紅の錦を捧げて仏徳を賛嘆する奇瑞が起きたため、第八十七代・四条天皇から「天神護法錦織之寺」の勅額が寄せられた。これに基づいて寺名が「錦織寺」になったとされている。

コラム

親鸞聖人と松

親鸞聖人にとって松は、切り離せない関わりがある。「聖人袈裟《けさ》掛けの松」など、聖人旧跡には必ずといってもよいほど聖人に因む松が各地に多くあるだけでなく、高田派の学匠・五天良空が著した「親鸞聖人正統伝」によると聖人は生前、そして幼少の頃から松とは強い関わりがあったからである。

聖人は幼名を「松若麿《まつわかまろ》」「十八公麿《まつまろ》」といった。母君・吉光女《きっこうにょ》が聖人を懐妊されたとき、母君の夢枕に奈良桜井・長谷寺の如意輪観音が立ち、五葉の松を授けられた。そして観音が「汝が日ごろ願いの如く一子を設くほどに、誕生の後は、この松を以て名とせよ」と告げ去ろうとしたとき、西方から一条の光明が射し、その光明が母君の口腔に入ろうとした瞬間、夢は覚めたという。

五葉の松は聖人開祖になってから浄土真宗は、末の世に五派（東西両本願寺を一本とし、仏光寺、高田専修寺、近江・木辺の錦織寺、越前三門徒のこと。この五派はその後、さらに分派して真宗十派といわれるようになる）に分かれることを意味している。

そして「松」の漢字を分解すれば「十八公」。さらには阿弥陀如来の四十八願の中心として他力信仰の根幹をなしているのが第十八願である。そこで「松」との関わりから、「十八公麿」と命名されたとも伝えられている。そして聖人が幼少の頃、着ておられた狩衣《かりぎぬ》には、松と藤の絵が描かれていた。藤は松の力を借りることにより、ようやく高いところまで登ることができる。松と藤はまさに第十八願でいうところの「他力本願の姿」であるというのである。

聖人は京都・伏見の日野で生まれた。若くして得度し、比叡山に登って修行。二十九歳のとき法然上人の門人になって専修念仏の信仰に帰依した。ところが承元元年（一二〇七）、旧仏教の攻撃による念仏教団弾圧の際、法然上人に連座して越後へ配流された。四年間の配流のあと許されて自由の身になってからは、帰洛せずに関東へ向かわれた。その道中に立ち寄られたのが信濃の善光寺である。その善光寺には松の小枝を右手にした聖人像、そして本堂仏壇の妻戸台に置かれている大花瓶には、高さ三メートルもある真松一本が生けられており、善光寺ではこの松の供花を「親鸞松」と呼んでいる。

中尊が阿弥陀如来、脇侍《わきじ》が観音・勢至《せいし》両菩薩の三尊が臼形蓮台に立って一つの舟形光背に納まっている本尊――いわゆる善光寺一光三尊仏をまつる善光寺は、早くから信仰を集めたので宗派を問わず多くの名僧、学識者や武将らが参詣している。親鸞聖人も、その一人である。

そして聖人は参詣されたとき、常緑の松の小枝を手にされており、一光三尊仏にそれを供えられた。この故事に因んで善光寺では供花を松一式、それも堂内を圧する高さの一本松にし、松の小枝を手にした聖人像を建立したのである。

善光寺参詣のあと向かわれた関東の、茨城県古河市にある光了寺には、聖人が自ら小刀を手にして彫られた「松葉の太子像」がある。高さ一・五メートルの聖徳太子像だが、常に松の小枝を両手で握りしめている。その松の小枝は、歴代の住職が、寺の庭に生えている五葉の松の枝を取って両手に「供える」ことになっている。同寺にとってはこれが、何よりも重要な行事になっているため、松葉は常に濃緑で、枯れたことがない。このように松は親鸞聖人にとっては、かけがえのない樹木であった。

3 蓮如上人お手植えの松(1)三井寺

●大津市逢坂二丁目

道場として蓮如上人によって開かれた真宗本願寺派寺院の近松寺《ごんしょうじ》にあった松。昭和八年（一九三三）に刊行された『京都民俗志』（井上頼寿著）には、「三井寺の表石段下、南別所両願寺の前方左手にある」と記されている。

天台寺門宗の総本山、三井寺（園城寺《おんじょうじ》）と蓮如上人とは、深い仏縁、法縁の関係にある。延暦寺衆徒らによって本願寺の祖廟《そびょう》が破壊されるなど「寛正の法難」によって京都を去って越前・吉崎へ赴く際、三井寺は種々、援助の手を蓮如上人に差しのべている。上人が近松別院を建てたおりには三十数石を与え、越前へ赴くに当たっては親鸞像を預かっている。そして西国十四番札所の観音堂左には、広さ八畳ほどの蓮如堂があり、そこには親鸞聖人像、蓮如上人像、そして名号がまつられているほどである。

このように親しい間柄だったので、その印に蓮如上人は松樹一本を手植えしたのだろう。いまでは寺内ですら、その松の存在を知る人はいない。

4 蓮如上人お手植えの松(2)福田寺

●坂田郡近江町長沢

湖北十カ寺の一つ、そして長沢別院とも称される本願寺別院の福田寺《ふくでんじ》（近江町長沢）には、蓮如上人が延徳年間（一四八九〜九一）の頃、三年間ほど留錫《りゅうしゃく》。教化に当たられたとき、同寺六世・頓乗の宿願により手植えされたと伝え、「蓮如松」と呼ばれる松がある。滋賀県の名木になっているこの松は本堂前にあり、いまのは二代目。小高い地面に残っている初代の株の直径は約四十センチ。小さい瓦屋根に覆われた初代の株の両側から伸びた二代目は樹高九・五メートル、五メートル、目通り幹径一・四メートル、七十五センチ。近くにはその実生から育った三代目が育っている。国の名勝に指定されている庭園は、上人がこよなく好んだと伝え、築山前には阿弥陀如来、観音菩薩、勢至菩薩の三尊仏を石に見立てた「三尊石」が置かれている。

蓮如上人お手植えの松　福田寺

５ 蓮如上人お手植えの松(3)福善寺

●高島市マキノ町海津

　真宗大谷派福善寺（マキノ町海津）の本堂前にある松。蓮如上人お手植え松と伝え、『近江名木誌』は「文明三（一四七一）年、福善寺住職浄慶法師の代、本願寺八世蓮如上人北陸巡化の途、此地に来り、手植せられしものなりと言ふ。周囲十二尺、樹高七間半、樹齢四百五十年」と記している。幹は本堂に向かって傾斜しており、台風をまともに受ける地形に生えているので、「台風で倒れたら大変」と、先端の芯は止めてある。

　昔、寺の前にある道路を、暴れ馬が走り回ったことがある。危害を恐れて、誰ひとり捕まえることができなかった。そのとき通りかかった「おかね」という遊女が、暴れる馬の手綱《たづな》をつかみ取り押さえた。捕まえたところが、その松の根元だったと言い伝えられている。

蓮如上人お手植えの松　福善寺

6 蓮如上人お手植えの松(4)明楽寺

●伊香郡木之本町木之本

真宗大谷派明楽寺《みょうらくじ》（木之本町）の本堂前には二本の松があるが、蓮如上人お手植えは本堂に向かって右側。いまのは二代目である。初代は針葉が三本だったとみえ、「三葉ノ松」と呼ばれていた。

明楽寺は明徳二年（一三九一）、真敬によって創建。もとは真言宗に属して菩提心院《ぼだいしん》と称していたが、蓮如上人が北国下向した時に真宗に改宗した。

松の下には「上人腰掛け石」と呼ぶ石があり、その石に腰掛けて説法したと伝えられている。

コラム

蓮如上人・一休和尚と松

十五歳の若さで本願寺の再興を決意し、親鸞聖人教学の本旨体得に意欲的な努力をはらって本願寺第八世を継ぎ、教団発展の基礎を築いたことから、〈本願寺中興の祖〉と称えられているだけに、蓮如上人もまた、親鸞聖人と同様に松樹との因縁が非常に強く、その謂われ因縁を伝える松が、布教に訪れた先々に存在している。そして、松にまつわるエピソードも、幾つか残されている。

あまり知られていないエピソードの一つを、紹介しておこう。近江堅田にあった禅興庵の華叟宗曇《かそうそうどん》から印可をもらい、「トンチの一休さん」で親しまれた臨済宗の僧、一休宗純和尚と蓮如上人との逸話である。

一休和尚が住していた庵には垣根がなく、道路から丸見えの庭には、曲がりくねった松が植わっていた。ある日のことである。上人が通りかかると、庭前は大勢の人だかりだった。「何事やあらん」と覗いてみると、松の側には次のように書かれた立札が建てられていた。

「この松を、真っ直ぐに見よ」

これを見た上人はニャリと微笑み、立札の脇に落書きして立ち去った。

「曲がれる松を真っ直ぐ見れば、、やはり曲がれる松なり」

これを読んだ一休和尚は、姿こそ認めなかったが、落書きの張本人が蓮如上人であることは、即座にわかった。阿吽《あうん》の呼吸である。

⑦上人筆の名号が懸かった松

●守山市千代町

真宗大谷派安楽寺（守山市千代町《ちしろちょう》）本堂と、すぐ近くの八尾神社拝殿の中間に生えていた松。落雷によって樹勢が衰えはじめ、昭和十年（一九三五）頃には枯死した。

延暦寺衆徒らによる「寛正の法難」で三井寺に留錫。そのあと越前・吉崎に向かわれる途次、蓮如上人は弟子・道西房善徒の案内で、道西が開山した善立寺に立ち寄ったという説がある。同寺は守山市金森《かねがもり》町にある金森懸所《かけしょ》（掛所＝別院のこと）南東に位置しており、そのとき上人は安楽寺も訪れ、「南無阿弥陀仏」の六字の名号を書き残した。その名号の軸は寺が火災に遭った折り、境内に生えていた大松の梢に飛翔して懸かり無事だった。古老の話ではその松は、大人三人で抱えるのがやっとという大径木。ある夜、若者三人がよじ登り、その名号を盗んでワラ束の中へ隠したところ、ワラは燃えたものの名号は助かったという伝承がある。名号はタテ約一メートル、ヨコ三十センチ。安楽寺本堂の本尊脇の厨子《ずし》に、現在、納められている。

同寺がある千代町には昔、千代城《ちしろ》が築かれており、城主の千代定氏が上人を助けたとの伝承がある。そして松尾神社は応永年間（一三九四〜一四二八）、千代氏の勧請で創建されたと伝える。

上人筆の名号が懸かった松の跡

安楽寺本堂（左）と八尾神社拝殿（右）の間に生えていた

8 「友の松」と呼ばれる松

●長浜市元浜町

真宗大谷派の長浜別院、大通寺（長浜市元浜町）の玄関付き大広間（京都・伏見城の遺構で、国指定の重要文化財）の前にある松。いまのは二代目で、その脇には松の由来を書いた石碑が立っている。

寺伝によれば同寺は、元亀元年（一五七〇）から織田信長と兵火を交え、十年間も続いた石山合戦期に、長浜の町年寄衆によって設けられた湖北三郡の惣会所に始まるという。そして慶安二年（一六四九）、本願寺十三世・宣如上人の強い懇望に報いた彦根藩主・井伊直孝が寺地を寄進。現在地へ移転した。そのとき宣如の命により、長浜城址にあったのを移植した松と伝える。『近江名木誌』は次のように記している。「豊太閤の城址にありし湖北三郡集合所より、本願寺十三世宣如の命により移植したるもの。枝の延長五十三間に及び、枝葉愈繁茂せるを見る」。

「昔の友」と命名したのは、同寺の住職を兼務していた本願寺二十一世・厳如上人。「昔を懐古して命名」とされているが、何を懐古されたのだろうか。松に聞いてみたいものである。

そして大通寺には、本堂前の広い庭「しらす」と庫裏《くり》前の庭を仕切るような形で、滋賀県の名木、長浜市の保存樹木に指定されていた松が六本もあったが、伊勢湾台風で倒れたり、雪害で折れたりし、現在、二本だけになっている。

同じ真宗大谷派別院の五村《ごむら》別院（東浅井郡虎姫町五村）本堂裏にも、滋賀県の名木に指定されている松がある。本堂の屋根よりも高く、屋根に枝垂れている大松だが、由緒については不明とされている。

9 了念上人の還帰松

●神崎郡能登川町伊庭

真宗本願寺派の妙楽寺（神崎郡能登川町伊庭《いば》）本堂前にあった松。いまは「了念上人還《かん》帰松《きまつ》」と刻まれた大きな石碑が立ち、その脇に二代目が植えられている。

妙楽寺は、淡海公とも称され、近江十二郡を支配した内大臣中臣（藤原）鎌足の第二子・藤原不比等《ふひと》の祈願によって創建されたと伝える。創建当初は天台宗だったが、南北朝の内乱を避けて能登川に来た仏光寺七世・了源上人の弟子・了念上人（一説では実弟）によって、廃寺同然だった同寺を再建。真宗仏光寺派本山の仏光寺と同格別院にした。当初は他のところに位置していたが三代・性空が住職をしていたとき、了念の還帰松があるところへ移転。十二代・性海のとき仏光寺との間がこじれて西本願寺へ転じ、現在に至っている。

了念上人は同寺にとっては中興開山といえる。住職をしているときの了念の信望は絶大であった。いまも伝わっている「虫供養百万遍」の行事もその一つ。元弘三年（一三三三）、

了念上人の還帰松

農作物が害虫の発生で大被害を受けた。農民たちは氏神に祈願したが、効果はなかった。それを見かねた了念は本尊の阿弥陀仏像を竹竿に掛け、それを捧げ持ち、念仏を唱えながら田畑を巡ったところ、猛威をきわめた虫害がなくなったと伝承されている。

同寺を拠点にして教化に励んでいた了念は正平元年（一三四六）、集まった村人たちを前に「お念仏の教えは、すべて説き終わった。これからは、私の次に住職となる二代目・了空を助けて寺を護り、み教えを子々孫々まで伝えるように」と言い残し、六丁（約六百五十メートル）先に生えていた大松の根元まで歩み、その松にかかっていた美しい紫雲に乗り、西空の彼方に姿を消して、現身往生を遂げた。「上人さまは、お浄土へお帰りになった」。村人たちは手を合わせ、いつまでも西に向かって立ち尽くしていた。

親鸞聖人作の三和讃を合わせた三帖和讃に「浄土に還帰せしめけり」とあり、論教学の立場で法華経の経文を注釈した法華義疏（隋の吉蔵著）には「明妙音還帰復命」（四・妙音品）と書かれているように、現身往生して浄土へ行くことを還帰（元のところへ帰る）という。了念が現身往生したことから「了念聖人、現身往生の松」と呼んでいたが、いつのころからか「還帰松」というようになった。

10 豪商が守った松

●神崎郡五個荘町川並

真宗仏光寺派福応寺（神崎郡五個荘町川並）の本堂前にあった黒松。樹高は約十五メートル、目通り幹径一・五メートル、枝張り二十メートル、推定樹齢三百年という大木だったが、松食虫被害で枯死。平成六年（一九九四）に伐採された。門徒ら多くの人に愛された松だったので、現住職は「うれしくもおの（斧）をのがれし老松は幾千代かけてみのり（法）聞くらん」という、寺に伝わる歌を添え、元気だったころの松の写真を門徒に配っている。

「おのをのがれし」と歌にもあるように、この松は安政五年（一八五八）、伐採されるところだった。現在の本堂建設に当たり、松が邪魔になったからである。それを守ったのが、門徒の塚本定右衛門である。

この塚本定右衛門は、いまの繊維商社ツカモト（本社・東京）の創始者。五個荘町の半農半商の家に生まれた定右衛門（幼名・久蔵）は、十九歳のとき五両の資金を元手に行商を始めた。関東から東北が商圏で、取り扱い商品は郷里の麻織物と、京都で人気のあった小町紅。最もよく売れたのが山梨県の甲府だったので、そこを拠点にして販売網を拡大。紅花商人として大成功をおさめた豪商である。

菩提寺の本堂が建設されたのは定右衛門が他界する二年前。「慈悲仁愛の心を持つは金銭において損を思えども積善に益あり」（塚本家心得）という心の持ち主だったので、「菩提寺の松」が伐採されるのは忍びなかったのであろう。「本堂はずらして建てられ、松は守られた」と同寺に残る本堂建設の記録には記されている。

11 愍念寺の松

●湖南市柑子袋

旧東海道筋の愍念寺《びんねんじ》（湖南市柑子袋《こうじぶくろ》）の松は、本堂前と鐘楼脇にある。同寺は元は天台宗。聖武天皇の勅願で良弁が山中に籠もって祈願したところ、間もなく皇子の誕生をみたとの伝承がある阿星山（六九三メートル）の中腹に創建され、その後、山麓へ移転。蓮如上人の五男で、本願寺九世・実如上人のとき真宗に改宗。そして現在地へ再移転したときに植えられた松ではないかとみられている。

乾憲雄氏は自著『甲西路をいく』（甲西町教育委員会刊）で「境内はいつも掃かれて清浄の地であり、二本の松がある。龍が臥《ふ》す如く、また鶴が羽根を伸ばしている姿が思われる。年々なお緑で美しい。その松の引き立て役のように傍に大銀杏がある」と記している。

報恩寺の松

慇念寺の松

コラム

その他の浄土真宗寺院の松

近江の真宗寺院には、立派な松が多い。真宗本願寺派では善照寺（彦根市薩摩町）、安楽寺（栗東市野尻《のじり》）、転成寺（愛知郡湖東町読合堂《よみあいどう》）、そして大谷派には西光寺（栗東市出庭《でば》）や仏光寺派の善隆寺（伊香郡西浅井町山門《やまかど》）にも大きな松がある。

安楽寺の松は、いまの本堂が建立された二百五十年前にはかなりの大樹だったとされており、推定樹齢三百年、目通り幹周三・五メートル。地元住民からも貴重木扱いされていたが、昭和五十四年（一九七九）に枯死した。同寺の境内には近年まで大松五本があったが、これも松食虫被害で伐採されている。

善隆寺の松は昔、門徒の山本源八が植えたと伝える。樹齢二百年の大松だったが、平成十年、本堂が建て替えられたとき伐採され、その幹で作られた仏像（像高六十センチ）が納骨堂に安置されている。源八は寺の松と一緒に、近くの神明神社境内の和倉堂にも植えた。その松は樹高二十一メートル、目通り幹周五メートルになり、「和倉堂の松」と呼ばれて県の名木に指定されていたが、これも善隆寺の松より数年前に枯死した。和倉堂は現在、善隆寺へ移されている。

天正年間に天台宗から真宗に改宗したと伝える報恩寺（湖南市夏見）の松は、本堂前の庭にある。四本のうちの一本は、門前の門徒・平地勇作氏（故人）が友人数人と一緒に、近在の山から移植したものである。

12 浮御堂の松

●大津市本堅田一丁目

古来、「堅田落雁《かたたのらくがん》」として近江八景の一つに数えられ、芭蕉の「鎖あけて　月さし入れよ　浮御堂《うきみどう》」の句をはじめとして、俳句や浮世絵の題材に多くとり入れられている浮御堂の臨済宗大徳寺派満月寺（大津市本堅田）境内には、二十数本もの松が生えている。うち六、七本は推定樹齢二百年の老木。大半が黒松で、浮御堂に渡る橋のたもとにある松は枝振りがよく、最高の樹姿をしている。

同寺は湖に遊泳する魚鳥の冥福を祈るため、天台座主三十世・恵心僧都《そうず》が比叡山横川《よかわ》で修行していたとき、自ら一千体の阿弥陀如来の仏像を刻んで安置、「千体閣」「千体仏堂」と称したのが始まりと伝える。その後、戦禍を受けたりして荒廃していたのを大徳寺二百六十世・大鑑真宗禅師が天和《てんな》年間（一六八一〜八四）に中興。寺名を「満月寺」と改め、臨済宗大徳寺派に改宗した。そのときに松が境内に植えられたのではないかと推定できる。

浮御堂の松

13 金剛輪寺の夫婦松

●愛知郡秦荘町松尾寺

秦川山《はたかわやま》中腹に建つ湖東三山の一つ、天台宗金剛輪寺《こんごうりんじ》（愛知郡秦荘町松尾寺《まつおじ》）本坊の明寿院には、山畔を利用した庭がある。南庭、中央庭、北庭と三つに分かれている中央庭の山側斜面に生えている松。根元から幹がふたまたになっており、樹高二十一メートル、目通り幹周はそれぞれ二・七メートル。庭から眺めて左側がやや小ぶりで、推定樹齢二百年。『むかしむかし近江の国に』（京都新聞社、一九八五年刊）には「本尊の観音さまが仲の良い夫婦の松になり、松の夫婦でさえ長い間（樹齢二百年）仲良くしているのだから、人間も縁があって夫婦になった以上、末長く仲良く暮らしなさいと説いている」と記されている。庭は県指定の名勝だが、松はその庭に重厚さを演出する役目を果している。

松に姿を変えられている本尊の木造聖観音菩薩像《しょうかんのんぼさつぞう》（県指定の文化財）は、開山の行基菩薩が自ら刻み、「生身の御本尊」とも呼ばれている。彫刻の際に木肌から赤い血が噴出し、あたかも生身のようだったので行基は刀を止め、下半身を白布で覆われたという伝承があり、秘仏とされている。

金剛輪寺の夫婦松

14 矜羯羅松

●大津市坂本本町

比叡山の東塔五谷の一つ。回峰行《かいほうぎょう》の拠点とされ、修行中の親鸞聖人らがたびたび訪れたことでも知られる無動寺谷の明王堂前にあった松。推定樹齢二百年、大人がひとかかえもする大松だったが、昭和五十九年（一九八四）に枯死した。

矜羯羅《こんがら》は矜羯羅童子のこと。不動明王の脇侍《わきじ》の二大童子、あるいは八大童子の一つ。常に行者について給仕・奉仕するために現れる「慈悲の化身」とされている。従って、この松は明王堂の本尊のお使い役とみなされて「矜羯羅松」と呼ばれ、歴代の回峰行者が出峰に際しては松に向かって礼拝をしていた。信仰の対象になっていた松だったので、回峰行を終え明王堂の輪番をされていた内海俊照師は「信者の煩悩を断ち切る剣にしたい」と京仏師松本明慶氏に依頼し、その松の幹で不動明王の利剣（長さ十五センチ）千体を作られた。利剣とは切れ味のするどい剣のことで、煩悩や悪魔を破り砕く智恵や仏の救いの力などをたとえるときに用いられる。

もう一本の松は、夏の奇祭―伊崎の棹飛びで知られる天台宗伊崎寺（近江八幡市白王町《しらおう》）にあった。同寺は伊崎山（二一〇メートル）北部の琵琶湖の湖岸にあり、回峰行者の別院道場。無動寺谷の明王堂、葛川《かつらがわ》明王院と合わせ天台行門の三大不動明王信仰の場となっており、毎年八月一日、棹飛びの行事が行われる。岸壁から湖中に突き出した棹の先端に立った行者が比叡山を拝むと、若者が高さ八メートルの棹先から湖面に飛び降りる行事。松はその棹の傍に生えていたのだが、昭和五十七年（一九八二）、松食虫被害で枯死した。

この伊崎の松は「金伽羅《こんがら》松」と呼ばれていた。金伽羅は矜羯羅と同じである。

15 松尾寺の善平松

●坂田郡米原町上丹生

伊吹山の飛行《ひこう》上人（「天狗の項」で詳述）に近仕した三童子の内、松尾童子を開基とする松尾山（五〇四メートル）の山上にある天台宗松尾寺（坂田郡米原町上丹生《かみにゅう》）への登り道は上丹生、下丹生、西坂の三通りあるが、松が生えていたのは下丹生の坂口側からの参詣道。この松については地元でも、すっかり忘れ去られている。

参詣道には道程を示す石標が建てられたり、杉が植えられている。この松は下丹生の住人だった善平さんが植えたと伝える。麓から寺までの道のりの、ちょうど三分の一のところに生えていた。からかさのような樹姿をしていたので別名「からかさ松」とも呼ばれ、道に覆いかぶさっていたので、参詣人にとっては恰好の目安。根元に腰をかけて一休みしていた。そして地元の子供たちはいつも松に登ったり、落ちている枝を集めては「てきら（的等）の塔」を建て「きちきち遊び」を楽しんでいた。

16 真照寺の松

●蒲生郡竜王町鏡

古来、近江名山の一つに数えられ、「鏡山いざ立ちよりて見てゆかむ年へぬる身はおいやしぬると」（古今集）など多くの歌でも紹介されている鏡山（三八四・八メートル）の北麓にある天台真盛宗真照寺（蒲生郡竜王町鏡）境内の、鐘楼脇に生えていた松。樹高六メートル、目通り幹周二メートル。石の支柱二十五本で支えられた枝は、本堂前庭を覆い尽くすように繁茂していたが平成二年（一九九〇）に枯死した。

同寺は壬申《じんしん》の乱で、大友皇子と戦った大海人皇子の武将・鏡大君の菩提所として知られる。創建のときは鏡山中腹で、いまも宝篋《ほうきょう》印塔が残る。その後、北東の麓に境内を移し、さらに延宝三年（一六七六）、現在地へ移転した。松はその移転を記念し、庭園樹として植樹されたと伝えられていた。

真照寺の松

17 新善光寺の「近江の松」

●栗東市林町

中尊が阿弥陀如来、脇侍が観音・勢至両菩薩の三尊が臼形蓮台に立って一つの舟形光背に納まっている本尊―いわゆる善光寺一光三尊仏（善光寺如来）の分身仏が本尊の新善光寺（栗東市林町）にあった松で、『近江名木誌』は「開祖小松宗定が開山記念として手植せしと言う。周囲十五尺、樹高十八間、樹齢約六百七十年」と記す。

同寺は平清盛の嫡子《ちゃくし》・平重盛の一族である高野宗定によって創建されたと伝える。高野はかつて小松左衛門尉《さえもんのじょう》宗定といっており、平家一門が源頼朝によって滅亡された源平争乱のあと近江国に逃れ、住み着いたところの地名を取って高野宗定と名乗った。そして宗定は平家一門の菩提を弔うため阿弥陀仏の四十八願に因んで信濃善光寺への「四十八度の参詣」という、大変な発願をした。十二年を費やして満願の日を迎えた未明の刻のことである。寝ている宗定は善光寺如来から、霊告を頂いた。「我が分身を持ちかえり、衆生を済度してほしい」。宗定は建長五年（一二五三）、如来堂を建立。そのときに植えたのが、近江の松の始まりとされている。

その松について知る人は現在、誰もいない。本堂に向かって左側にある墓地に昭和五十四、五年まで大松が五本生えていた。「滋賀県下で二番目に古い松」といわれ、樹高は山門よりも高く新幹線の車窓からもよく眺められたのだが松食虫被害で五本とも枯死した。この松が宗定手植えの後継樹として『近江名木誌』に掲載されていた「近江の松」ではないかと推定される。

そして同寺には、膳所《ぜぜ》城主・本多俊次が手植した松がある。俊次は慶安四年（一六一五）、伊勢亀山から七万石（後六万石）で入城して城主になったのだが、善光寺如来に深く帰依。寛文元年（一六六一）、三間四面の本堂を寄進、再建した。松はそのときに植えられたもので、庫裏の前にある松がそれである。

18 善法寺の森

●蒲生郡竜王町小口

竜王町が生んだ儒学者で、医者でもあった奥東江《おくとうこう》（一六四〇～一七〇四）の菩提寺――浄土宗善法寺（蒲生郡竜王町小口《おぐち》）の松のこと。創建当時の同寺は天台宗。堂ノ奥という山上にあったが天文年間、善法のとき浄土宗に改宗。そして元禄十年（一六九七）、松林だった現在地へ移転したと伝える。現在でも境内には老松が二十本近くが残っており、地元では「善法寺の森」「善法寺の松」と呼んでいる。

移転した当時、すでに生えていた松は現在でも四本あり、樹高は約三十メートル、目通り幹周二メートル。同寺のシンボルになっている。最近、松食虫被害で枯れ、十本が伐採された。

19 石道寺の山門松

●伊香郡木之本町石道

南北朝時代、北朝が天下太平・皇祚延長を祈らせるため祈願所にした真言宗豊山派石《しゃく》道寺《どうじ》（伊香郡木之本町石道《いしみち》）が移転する前の地—己高山《こだかみやま》（九二二・六メートル）麓にあった二本の老松。樹高は①二十六メートル②二十五メートル、目通り幹周①五・三メートル②三・八メートルもの大木だったが二十〜三十年前に枯死。いまは二代目が植えられている。

同寺は己高山五カ寺の一つで神亀三年（七二六）の創建。その後、行基によって仏像を彫刻して堂宇を建立するも焼失。それを伝教大師が再興して天台宗に改宗した。比叡山の別院ということで、一時は大いに繁栄したものの、またまた頽廃。それを京都護国寺の源照上人が再々興して真言宗に改めた。創建当初は己高山の山中にあったが明応年間（一四九二〜一五〇一）、山下に移されたと伝える。松はそのとき、仁王門脇に植えられたのではないかと推定できる。

その仁王門は明治二十七年（一八九四）に焼失。さらに同二十九年には、山津波により庫裏が流失したため寺運が衰えて無住寺院になったものの、松だけは残っていた。現在の石道寺は、松が生えている地から一キロ離れたところに建っている。

20 饗庭帝釈天の松

●高島市新旭町旭

仏教守護の神とされている帝釈天《たいしゃくてん》をまつる帝釈堂（高島郡新旭町旭）前にあった松。幹が東北に向かって六十度傾き、樹高十五メートル。根元の周囲七・二メートル、目通り幹周六・三メートル。地上一メートルのところで二幹に分かれ、枝張りは東八・五メートル、西五・五メートル、南九メートル、北十メートル。推定樹齢八百年もあったので「近江一の大松」とされていたが、昭和九年（一九三四）の室戸台風で倒れ、伐採された。

この帝釈堂は、わずか四百四十五平方メートルの境内に建っている小さな堂。本尊の帝釈天は堂立山（饗庭野《あいばの》）の慈恩寺にあったとか、藪原だった往昔、この地に天から降りてきたと伝えられているが定かではない。松の由来も不詳である。

21 観音堂の松

●草津市下物町

かつての野洲川南流が形成した三角洲—烏丸崎《からすまざき》（草津市下物町《おろしもちょう》）にある観音堂を囲むように生えている松。かつては三本だったが昭和五十七年（一九八二）、その内の一番大きかったのが枯れ、二本だけになっている。樹高十メートル前後、目通り幹径は約七十センチ。いまは沖が埋め立てられて湖岸道路が走っているが、かつてはのどかな葦原。湖上をゆく船舶からは恰好の、航行の目印になっていた。

この観音堂は、いまから二百三十五年前の明和六年（一七六九）に建立された。祀ってある石仏の観音菩薩は近くの湖底から引き揚げられたと伝え、地元では古来、「名松の観音さん」として、近江八景「矢橋《やばせ》の帰帆《きはん》」と並ぶ湖岸の景勝地として親しまれている。

観音堂の松

22 行基松●彦根市日夏町

荒神山《こうじんやま》の北東麓にあって、日本武尊・大山咋神・大己貴神を祀る唐崎神社（彦根市日夏町）にあった松。『近江名木誌』は「周囲六尺五寸、樹高九間半、樹齢約三百年。行基菩薩手植の松と称するも、幾代かの植継なるべし」と記している。行基は奈良時代の僧。

近くの山中には行基菩薩が天平年間に創建したと伝える臨済宗妙心寺派・千手寺があるので、行基はその創建のおりに唐崎神社にも立ち寄り、松を植えたのだろうか。

第四章　神社の松

1 伊勢代参のお迎え・夜明けの松

●湖南市正福寺・菩提寺
蒲生郡蒲生町桜川東

伊勢代参《いせだいさん》に因む「お迎えの松」「夜明けの松」と呼ばれていた松が三カ所にあった。二カ所は湖南市、残り一カ所は蒲生郡蒲生町である。湖南市の松は正福寺、もう一カ所は菩提寺。ともに旧伊勢街道に近い野洲川畔に生えていた。

近江の人たちにとって伊勢の大神宮への参詣は、一生一代の願いでもある。参詣することに決まった者は家族、集落を代表する「代参」という大役を担ったことになるので、内宮《ないくう》・外宮《げくう》を参拝し終わると、直ちに帰路へついたものである。伊勢出発はちょうど夕方。「一刻もはやく家族、集落の人たちに参拝を無事に終えたことを知らせねば」と帰路を急ぎ、ひたすら夜を徹して歩きつづける。在所の大きな松が見える地点にたどり着くと、ようやく東の空が白み始める。夜明けである。「やっと帰ることができた」。誰彼となく代参者はこの松を「夜明けの松」と呼ぶようになった。そして代参を送りだした家族・集落の人たちは「もう、そろそろ帰ってくる時刻。疲れているだろう。せめて松のところまで出

伊勢代参のお迎え・夜明けの松（湖南市正福寺）

迎えに」と誘いあって出掛けたので「お迎えの松」という名前がついたとされている。

正福寺の松は通称「天王谷川」という小川が合流する野洲川右岸にあった。樹高は約十五メートルで、幹周は大人四人で抱えるほどの太さ。枝張り約九メートルという、見事な樹姿をした黒松の独立樹だったが昭和五十六年（一九八一）、砂利業者が根元を傷つけたのが原因で枯死した。付近には初代の実生から生えた小松が育っている。そして、伊勢参りを毎年欠かさずに行ってきた青木正雄氏が「お迎えの松は村の宝。絶やすに忍びない」と大神宮に懇願、伊勢の松をもらい受け初代の脇に植えている。この初代松は野洲川が氾濫したとき、大神宮に祈ったところ水が引いたのを記念して植えたと伝える（次項に詳述）。

菩提寺の松は中郡《ちゅうぐん》橋付近にあって、三本がかたまって生えていた。樹齢三百年とも推定されており、地元では恰好の目印になっていたが、これもなくなっている。この地から下方の南桜《みなみざくら》（野洲市）の在所にも、独立樹の老松があった。

蒲生町の松は「大神松」と呼ばれ、桜川東小字時田の佐久良《さくら》川の川原に生えていたが、昭和三十四年（一九五九）の伊勢湾台風で倒れ枯死した。松の根元には「大神宮」と刻まれた自然石の灯籠が立っていたが、その灯籠は近くの栩原《とちはら》神社へ移されている。

伊勢参りが盛んな頃、在所の人たちは総出で、代参を終えて無事に帰ってきた者を、この松のところで出迎えた。これを「サカ迎え」といって、迎える者、迎えられる者が一緒になって伊勢音頭を歌って帰郷の喜びを祝ったものである。

2 洪水に関わりのある松

●栗東市伊勢落町
守山市立入町

松は直根が地中深く伸びることから、古来、土壌根固めに松が植樹される。そこから河川の堤防固めに松が植えられたものである。野洲川にも、洪水による氾濫を防ぐために植えた松が幾つかあった。前項で述べた湖南市正福寺のお迎えの松は、野洲川が氾濫したとき、伊勢の大神宮に祈願して植えたものである。『近江名木誌』は、次のように記している。「往時、野洲川に洪水あり、堤防壊潰して田畑一面に浸害せらる。村民、伊勢太神宮に祈り、鶏鳴に至り水大に減退す。此の樹は之が記念に植樹せるものなりと言う」。同書が刊行された大正二年には、この松は樹高二十三・五メートル、目通り幹周二・七メートル、樹齢三百五十年という大松だった。

古くから伊勢参詣の道筋にあったことから「伊勢落村《いせおち》」（伊勢大路村《おおじ》ともいう）の村名がつけられた栗東市伊勢落町にも、野洲川畔に大松が生えていた。この松があった川原は郡境で、伊勢斎宮が清めの祓《はらい》をした斎宮跡と伝える。里内《さとうち》文書によると承応二（一六五三）

年、大雨で野洲川の堤防が決壊。対岸の南桜村（野洲市）、そして岩根村（湖南市）との境界が不明になったので境相論が起こった。そこで三者が話し合い、今後、こうした事態が起こらないようにするため、松を植樹して境界にしたとされている。根元からすぐに幹が数本に分岐して繁茂し、樹姿があたかも千本松を連想させたので「千本松」と呼称されていた。斎宮の松は、この松であったかも知れない。

野洲川をめぐって天保四年（一八三三）～弘化二年（一八四五）にかけて争いが絶えなかった守山市立入《たていり》町にも「大神宮」と呼ばれる大松が、川岸に生えていた。樹高約二十メートル、幹周三・三メートル、樹齢四百年の老松だったが、これもなくなっている。往昔、野洲川が大水で堤防が決壊しかかったため、地元民らは堤防脇に生えていた松の枝に大神宮の札をくくって祈願したところ、危難から免れることができた。以後、この松は「大神宮松」と名付けられた。

3 兵主神社の松並木●野洲市五条

松は神仏が一時姿を現す「影向《ようごう》の樹木」とされているので、神社の境内には杉とともに松が多く植えられている。兵主《ひょうず》神社（野洲市五条）参道の松並木はその規模といい、松の緑の濃さといい県下では最高である。

条里制の遺構とされている野洲郡の五条十里の地に発達した兵主神社の門前集落の六条から五条に至る二百メートルもの、「兵主のバンバ（馬場）」と呼ばれる参道両脇には、樹齢二百～三百年の黒松が約百八十本も植えられている。氏子が住んでいる地を兵主郷と称した頃から、一の鳥居から出発した七つの神輿《みこし》が「チョッサ、チョイサ」と掛け声高く進み、朱塗りの楼門をくぐる大祭が始まったころからの松並木とされている。従って松は次々と代替わりを繰り返しており樹高は十メートル余り、目通り幹周は大きいもので一・五メートル。古来、この松並木は兵主郷の象徴とされて広く町民に親しまれてきたので、松が「町の木」に選定されている。

兵主神社の松並木

同神社は兵主神社縁起によれば、「養老二年（七一八）、金色の異光に導かれて八ッ崎浦に至った五条資朝に、神（不動明王）が兵主明神として降臨することを夢告、琵琶湖中を大亀に乗って渡来してきた白蛇（兵主明神）を五条村に移して奉祀した」のが始まりとされており、その亀を祀る亀塚が、同神社北の野田地区の干拓地の中にある。

4 白鬚神社の松●高島市鵜川

近江の守護職・佐々木六角義賢が亡母の追善供養のため、弥陀の四十八願に因んで阿弥陀如来坐像四十八体の石仏を安置した明神山麓の明神崎にある白鬚《しらひげ》神社（高島市鵜川《うかわ》）は「近江の厳島《いつくしま》」とも呼ばれ、延命長寿の神社として有名である。

豊臣秀吉の第二子の秀頼が慶長八年（一六〇三）、片桐且元を普請奉行として再興した本殿は国の重要文化財に指定されており、境内には推定樹齢二百五十〜三百年の老松が約十本生えている。かつての社頭は、松並木だったと伝えられている。

湖中に浮かぶ朱塗りの大鳥居の沖からの眺めは、松の緑に包まれた神社といってもよい。境内には与謝野寛・晶子の碑が建つ。

白鬚神社の松

5 神明神社の松
●彦根市大藪町

いまから五百年近く前の永正八年（一五一一）に創建され、天照大神を祭る神明神社（彦根市大藪《おおやぶ》町）には、推定樹齢二百年前後の黒松が約三十本も生えている。群がっているので、松の社叢《しゃそう》といった感じで、その松の幹間から北方の湖上に浮かぶ多景島《たけ》の眺めは、一幅の墨絵である。「磯の崎漕ぎ廻《た》み行けば近江の海八十《やそ》の湊に鵠多《たづさは》に鳴く」（万葉集・巻三）、「君が代のかずにはしかじかぎりなきちさかのうらのまさごなりとも」（千載集）など詠歌が多く、のちに歌枕にまでなった八十の湊、千坂《ちさか》の浦は、神社の南西すぐ近くにある。

かつて同神社は、在所の真ん中辺にあった。境内が狭すぎて参詣も不自由なため、明治四十二年（一九〇九）に在所北はずれの、荒れ地だった湖岸を浜の砂で整地、現在地に移座した。しばらくの期間は「湖岸に建つ神社」という感じだったが、昭和十一年（一九三六）に鳥居や玉垣を建てて整備。立派な境内になった。松はいつごろ、誰によって植えられたかは不明。付近には松原、松並木の湖岸が幾つかあり、これらの松は植樹されたものなので、同神社の松もそれらと同じように植えられたのではなかろうか。

神明神社の松

⑥ 馬見岡綿向神社の千両松

●蒲生郡日野町村井

鈴鹿連峰の一つで、日野・永源寺・土山の三町にまたがる綿向山《わたむき》（一一一〇メートル）を神体山とする馬見岡《うまみおか》綿向神社（蒲生郡日野町村井）拝殿東側にめぐらされている垣の中に植えられている五葉の松。その傍らに建っている「千両松」と刻まれた石碑には、近江商人――中でも勤勉な日野商人の商才が秘められている。

全国各地に日野椀、万病感応丸や茶、呉服などの行商に出掛けた日野地方の商人は最も勤勉で巧思力策があったので、近江商人のなかでも「日野商人」と呼ばれて特別扱いを受けていた。その日野商人の一人だった辻惣兵衛は、伊豆・三島に出店して大金を掌中にすることができた。ところが、稼いで貯めたお金を、故郷の日野に持ち帰るのが大変だった。小判をしっかりと腹帯にくくりつけておいても、長い道中のこと故、盗賊に盗まれる懸念がある。そこで考え出されたのが、枝振りのよい五葉松の鉢植え。小判を鉢の底へ敷きつめ、その上に土をかぶせて松を植え、縄で荷車にくくりつけて運ぶ方法である。これが功を奏して大金を無事に運ぶことができたので惣兵衛は、「綿向大明神のご加護のおかげ」と大金を運んだときに使った五葉松を植えたのが同神社の松。大きくなるにつれ、誰いうとなく「千両松」と呼ぶようになった。現在の松は、二代目である。

さらにこの松には、次のような伝承もある。

むかし日野に「甚平」という樵夫《きこり》がいた。ある日、山での仕事を終えての帰途、赤ん坊のような泣き声を耳にした。草をかき分けて捜すと、三匹の子狸を連れた母狸がわなにかかっていた。「かわいそうに」と甚平は、狸を助けてやった。

幾日かたったある夜、江戸で出世し大金持ちになった夢を見た。そこで意を決して江戸へ赴き一心不乱に働いたおかげで、その望みを果たすことができた。「お金もたまったことだし、晩年をのんびりと、故郷で送りたい」と、店をたたんで帰郷することにした。問題は貯めたお金を、盗賊に略奪されないようにするには、どのようにしたらよいかである。そこで考えたのが、惣兵衛と同じ、五葉松の鉢植えだった。

荷車に松をのせ箱根の山にさしかかっとき、山賊に取り巻かれた。そして鉢から松が引き抜かれようとしたときである。山賊が「お頭」と呼ぶ大男が現れ、「皆の衆、金はそんなところに隠されているはずはないし、この旅商人は人相からして金なんか持っていない。退散しよう」と怒鳴った。山賊が退散したあと、居残って一人になった大男は「私はかつて、日野の山中で助けて頂いた子狸です。やっと、そのご恩返しをすることができました」といって姿を消した。狸のおかげで大金を無事に持ち帰ることができた甚平は、そのときの松を綿向神社に植えたという。

馬見岡綿向神社の千両松

7 馬見岡綿向神社の「若松の森」

●蒲生郡日野町村井

この馬見岡綿向神社にはかつて、緑濃い松並木の参道があった。世間はこの松並木を「若松の森」と呼び、神社の誇りにしていた。ところが江戸中期、なぜか枯れる松が続出。並木は無残な姿に変容したため切り倒され、いまは境内の入り口辺に二本だけが名残をとどめているに過ぎない。しかし東北では、この参道の名前が市名の基になり、広く世間に知れわたっている。

福島県の会津若松市は、かつての地名は「黒川」だった。白虎隊で有名な会津若松城も「会津黒川城」と呼ばれていた。正四位左近衛権少将になった蒲生氏郷《うじさと》は天正十八年（一五九〇）、松坂城（三重県松阪市）から、会津を中心とした陸奥、越後十二郡四十二万石に転封し、黒川城に移ったのだが、館のような城郭はもちろんのこと、城市は狭く、雑然としていた。そこで氏郷は入城とともに城郭と城市を本格的に整備し構築。一年間という短期間にそれをなし遂げた。さらに地名も「黒川」をやめ、崇敬していた生まれ故郷の神社参道の名前をとって「若松」に改称したのである。

会津藩主・保科正之の命で寛文十二年（一六七二）に編纂された『会津旧事雑考』の文禄元年（一五九二）条には「六月朔日黒川築於城郭、改於市井、自茲始曰若松、江州蒲生郡有若松森、氏郷恋郷為名也」と記され、編纂した会津藩の史家・向井吉重は、さらに自著の『会津四家合考』で、次のような狂歌も紹介している。

黒かはを袴にたちて着てみれば、まちのつまるはひだの狭さに

「黒皮」は「黒川」、「襠《まち》」は「町」、「襞《ひだ》」は「飛騨守」のこと。もちろん飛騨守は蒲生氏郷である。

氏郷によって黒川が改称された若松は明治三十二年（一八九九）、市制施行により若松市となり、さらに昭和三十年（一九五五）の町村合併に際し会津の名を冠し、現在に至っている。

蒲生郡の古大族だけに蒲生一族の、綿向神社への崇敬は厚かった。氏郷の祖父に当たる定秀は社殿を再建するとともに神輿三基を新調して祭礼を復興。自ら支配していた蒲生上郡百二十八カ村の奉幣や地侍を従えて渡御《とぎょ》行列に参加。父親の賢秀《かたひで》も社殿を再々建している。そして氏郷は松坂城に転封になってからも米などを寄せ、天正十六年（一五八八）までに合計三十八石余を寄進している。

ところで「若松の森」だが、綿向神社のほかにも存在していた。順徳天皇（一一九七〜一二四二）の歌学書「八雲御抄」に歌枕としてみえる「若松森」である。この森は八日市市外町《とのちょう》若松の鎮守若松天神社の境内林。愛知川の南西岸、御河辺《みかわべ》橋の南方にあって、御《み》園《その》の裸祭として知られる河桁《かわげた》御河辺神社の御旅所になっている若松天神社は、社伝によれば春日神社の祭神四座の第一座・建御賀豆智命（鹿島神）が常陸国鹿島神宮から、神護景雲二年（七六八）の創建のため春日神社（奈良市）へ向かう途中、この地に手植えした若松を使って神護景雲四年、神殿を造営したのに始まる。

8 稲村神社の千貫松

●彦根市稲里町

荒神山神社へ登る南の入り口―稲里町《いなざと》からの参道中腹に建つ稲村神社《いなむら》（彦根市稲里町）境内にあった松。樹高十八メートル、地上三メートルでの幹周三メートル、推定樹齢三百年。神木として崇められていたが、伊勢湾台風で幹の先端が折れて樹勢が弱ってきたため、地元の酒屋さんが酒とスルメを根元に施したが、さらに昭和六十二年（一九八七）の台風で下枝が折れたため平成元年（一九八九）、遂に枯死した。

同神社は天智天皇六年（六六七）、常陸《ひたち》国の久慈《くじ》郡稲村（現・茨城県常陸太田市）の稲村神社の分霊を迎えて奉祀したのが始まりと伝える。現在地への移座は天正年間（一五七三～九二）とされている。現在の本殿は寛政五年（一七九三）に再建されたもので、そのとき氏子たちが境内に生えている松枝に千貫に値する一厘銭を掛けて祝った。それ以来、「千貫松」という呼称がついたとされている。

9 竹田神社の影向松

●蒲生郡蒲生町鋳物師

金工の祖神である天目一箇命《あまのまひとつのみこと》ほか四柱を祀る竹田神社（蒲生郡蒲生町鋳物師《いもじ》）にあった松。同神社は崇神天皇の代、苗座または内座と呼ばれた地にあった明神森に創建され、寛仁元年（一〇一七）、遷座。菅田神社という社名を土地名により、現社名に改めたと伝える。遷座の際、神が影向《ようごう》したのがこの松。神の影向を祝って里人は、「元よりも神の恵は常磐木の松に菅田の遷ります千代に八千代を重ねつつ栄ふる御代ぞ久しかりける」という歌を詠んだという。この謡は、氏子が諸慶事を行う際は、必ず歌い継がれてきた。

初代は落雷で枯死し、後継樹として植えられた二代目も樹高五・五メートル、目通り幹周六十センチ、樹齢二百年の成木に育っていたが、これも近年に枯れてしまった。同神社には豊臣秀吉によって奉納されたのが始まりとされている能（「竹田の神能」と呼ばれる）が伝わり、明治時代には能舞台も造られていたが、近年、途絶えている。

10 古大明神塚の千年松と二本松

●神崎郡能登川町伊庭

千年松は伊庭《いば》集落東方の、田んぼの中にある古大明神塚（神崎郡能登川町伊庭）に生えていた古松。よほど大きかったとみえ「千年松」の呼称がついていたが、いまから百五十年も前に倒れてなくなった。現在も数本の杉に混じって、樹高三十メートル、目通り幹周が大人一抱え半もある大松が生えている。

この塚は伊庭の坂下し祭で知られる三社のうちの一社—望湖神社が創建されたところ。この地の昔は湖に面して浜辺になっており、祭神・藤原鎌足や第二子・淡海公《たんかいこう》（藤原不比《ふひ》等《と》）らが釣り糸を垂れた場所と伝える。慶長六年（一六〇一）、繖《きぬがさ》山（四三二・七メートル）北方の支峰・伊庭山（八王子山）麓の現在地に移された。この社はかつては多武大明神社と呼ばれ、梵語《ぼんご》神踊という祭典が伝わっていたが、梵語は仏教語という理由から明治維新の後、発音がよく似ているので「望湖」に改められた。

坂下し祭は麓の望湖神社、大浜神社、そして伊庭山の峰頭にある繖峰三神社の三社によ

古大明神塚の松

って営まれる。「辰の日に上げて巳の日に下ろす」とされていたが、担ぎ手の関係から現在は、毎年五月三日に行われる。前日、麓から繖峰三神社の鳥居まで担ぎ上げられた三社の神輿三基が、急峻《きゅうしゅん》な神輿道（全長二百三十メートル）を駆け降りる勇壮な祭りである。

その神輿道の中で、難所中の難所とされるのが「二本松」と呼ばれるところ。深さ五メートルもあって、そそり立つ谷に突き出るような形をした岩の両側に二本の松が生えており、その松を結んで注連縄が張られている。松の間をぬけ、神輿の棒を谷に落とすようにしてズリ落とす。命がけである。

「坂下し祭歌」の一節

伊庭の祭を一度は見やれ
男肝つく坂下し
あれを見やんせ
あれ二本松
神輿おどらす谷の底

その二本の松は、平成十年頃に松食虫被害で枯死。いまは鉄製のポールが、松の代役を務めている。二本松は枯れたが、付近には小松が何本も育っている。

11 長浜八幡宮参道の松並木と縁松

●長浜市宮前町

春の長浜曳山《ひきやま》祭で知られる長浜八幡宮（長浜市宮前町）の参道（長さ三百メートル）両側には五、六十本の松が植わっている。樹高は平均十メートル、高いので十六、七メートル。目通り幹周は約四十センチ。八幡太郎と号した平安後期の武将・源義家の奏に基づき延久元年（一〇六九）、後三条天皇の命で山城の石清水八幡宮より分祀、勧請されたと伝える同神社（湖水の社に八幡宮を勧請したという説もある）は昔から「八幡の森」と呼ばれ、社叢は松が主木。現在でも境内には約百五十本もの松がある。

縁松《えにしまつ》は、社務所前にある赤松と黒松の二本。ともに推定樹齢は百年。互いに寄り添うように幹が八の字形に傾き合って伸び、枝がむつみ合っているところから、「夫婦円満を象徴する樹姿をしている。参拝客にもあやかってもらおう」と神社では松の間を注連縄《しめ》で結び平成初年、「縁松」と命名した。

良縁や夫婦円満を祈願するための「結び札」も備えられており、紅白の結び札に名前を書いて注連縄をくぐって松にその札を結ぶ参拝客が多いという。

長浜八幡宮参道の松並木と縁松

12 「行の森」の松 ●野洲市野田

沼地を実り豊かな豊田にするため松を植えて社叢にし、お宮を建て、それを「行《ぎょう》の森」(野洲市野田)と呼んでいたが、昭和初年の土地改良で取り除かれてなくなり、世上から忘れ去られてしまった。

この森を造ったのは伊勢出身で、明治二十二年(一八八九)、中里村と合併して中主《ちゅうず》町が誕生する以前の兵主《ひょうず》村長だった浦谷清平氏。村有のヨシ地開拓、大字安治《あわじ》の耕地整備、村の自治などで大きな功績があったので、明治三十五年(一九〇二)、「浦谷清平翁頌徳碑」が建てられている。

こうした功績の中で、最も大きいのが野田沼堰堤《えんてい》工事。野田はかつては沼地だった。兵主神社の祭神を乗せてきた亀を祀る亀塚がある地でもある。氏は地内を北流する家棟《やなむね》川(童子川)を伊勢の五十鈴《いすず》川にたとえ、故里を偲んで行事宮を建てた。行事宮の祭神は大年神の父君・行事神。大年神は穀物の守護神とされている。植えられた松は枝を繁らせ、境内に尊厳さを漂わしていたという。

ここで疑問視されるのが、行事宮の行方である。土地改良で森がなくなったとき、宮そのものまでも取り払われたのだろうか。祀られていた神体は、建物、森とともに無くなるということは考えられないので、どこか別のところに遷座されたのではないだろうか。

これは筆者の無謀な推論だが、野田から東南十数キロの地―近江八幡市千僧供《せんぞく》町に建つ椿《つばき》神社の境内社、行事宮がそれではないかと思われる。この椿神社は坂本日吉社上七社の一つ、十禅師宮を勧請したものと伝え、一帯の庄域は延暦寺の千僧供養料地となっており、「千僧供」という地名もこのことに由来する。さらに五月に行われる椿神社の祭礼は、田用水の分配に基づく近村の寄合祭という古式を伝えている。そして室町後期の切妻造四脚門（県指定の文化財）が残る由緒ある神社の境内社であるにもかかわらず、行事宮については創建年代などが不明となっているからである。

そして行事宮のあった野田地区には、昭和二十年頃まで「神木」と呼ばれた大松があった。八幡神社拝殿の斜め前に生えていた樹齢六百年もの老松だったが、落雷で幹が引き裂かれて枯死した。神社が創建されるまでこの地には野田城があったので、この松は城内に植えられていたものと推定される。野田城は佐々木六角満高の臣・野田氏の居城。

13 太田の松

●高島市新旭町太田

江戸前期の儒学者で神道家・山崎闇斎《あんさい》に学び、「崎門三傑の一人」に数えられた浅見絅《けい》斎《さい》の遺品を集めた絅斎書院に隣接する太田《おおた》神社（高島市新旭町太田）の松。滋賀県の名木に指定されており、樹高二十メートル、目通り幹周約三メートル。昔は三本あったが、近年、一本が枯れ、現在、拝殿と鳥居の中間の、拝殿に向かって右側に二本が生えている。幹は拝殿に向かって傾き、枝は垂れている。古来「太田の松」と呼ばれ、氏子らは幹に注連縄を巻いて神木とし、崇敬してきた。大松はこのほか、鳥居周辺にも数本ある。

境内には「海ならばたたへる水の底までも清き心は月ぞてらさむ」と刻んだ祭神・菅原道真の歌碑、そして郷土出身の俳人・森千里の手になる芭蕉の句碑「もろもろの心榊《さかき》にまかすべし」が建っている。

太田の松

14 お祓所の松

●守山市勝部

五穀豊穣と無病息災を祈願して大松明《たいまつ》のもとで若者二百人が一月に行う火祭で知られる勝部《かつべ》神社（守山市勝部）の拝殿と鳥居の間にある松。かつては二本が対になっていたので、昭和六十年（一九八五）、その間に注連縄を張り、お祓所にされた。それまではその場所に、砲弾、大砲など戦争の慰留品が展示されていた。松の高さ約二十三メートル。向かって右の松は昭和六十一年、松食虫被害で枯死した。鳥居脇には幹に松脂《まつやに》を採取した痕跡が残る、樹高約三十メートルもの大松がある。またお祓所近くにも鳥居脇の松よりも、ひと周りもふた周りも大きい松があったが、伊勢湾台風で倒れ枯死した。かつては拝殿前にも、大きな松が生えていた。

同神社の祭神の一神は武神の物部布津命、そして勝部は武門の吉相を意味していることから、六角氏をはじめ織田信長、豊臣秀吉の姉・瑞龍院《ずいりゅういん》日秀の子で八幡山の城主だった豊臣秀次ら武将の崇敬を集めたと伝える。武将は戦に赴いたり、勝って帰ったときには神

お祓所の松

社に祈り、境内に生えている松に願をかけたりする習わしがあったので、信長らも同神社に参詣した折り、これらの大松に戦勝を祈願したことだろう。

15 椋と連理の松 ●栗東市辻

井ノ口天神とも呼ばれ、田用水の組合「十郷」へ注ぐ井水の守護神を祭る天満宮（栗東市辻）社務所前の参道脇にあり、二本の椋の大木に挟まれて根が連理《れんり》状になっている。樹高三十余メートル、目通り幹周三メートル。拝殿前にも大松三本がある。

松の近くの鳥居は青銅造り。野洲川左岸に立地していることもあって神社のある地域は、古くは津知村と呼んで鋳物業が盛んだった。関東へ出店したものも多く、元禄七年（一六九四）、江戸深川で鋳造したのがこの鳥居。百八十余名の寄進者銘が彫られている。

椋と連理の松

16 小谷城址近くの松

●東浅井郡湖北町山脇・丁野

琵琶湖に面し、東には小谷城址が残る小谷山のある湖北町には、二つの神社に滋賀県の名木に指定された老松が二本生えている。一つは谷田神社（湖北町山脇）。小高い山脇山の中腹に建つ神社鳥居脇の松で、樹高二十二メートル、目通り幹周四・三メートル。幹は前方の田んぼに向かって傾斜している。

もう一本は、丁野《ようの》の在所の中に建つ岡本神社の拝殿脇にある。樹高二十一メートル、目通り幹周三・三メートル。民家に向かって傾斜しているので、幹は鉄柵で支えられ、反対側はロープで引っ張られている。丁野は湖北の戦国大名だった小谷城主浅井家の発祥地。神社は浅井郡十四座の一つで、元は岡山に鎮座していた。

第五章

天狗・河童伝承にまつわる松

コラム

近江の天狗

　西の横綱・愛宕山《あたごさん》栄術太郎、大関の鞍馬山僧正坊のいる京都にはかなわないが、放送作家・小説家から民俗学、とくに天狗研究に没頭した知切光歳《ちぎりこうさい》（一九〇二〜八二）の『日本大天狗番付』によると近江国は京都に次いで、天狗の多い土地柄である。

　承和三年（八三六）につくられた天狗が棲む七高山に比叡山、比良山、伊吹山の三山が愛宕山、摂津神峯山、大和金峯山、葛城山とともに名を連ねており、関脇の比良山次郎坊を筆頭に、前頭の比叡山法性坊、伊吹山飛行上人、横川覚海坊、竹生島行神坊、綿向山光林坊、多賀ノ森生玉坊、伊吹山金谷長円坊、松ケ崎普門坊と八狗もの天狗がいる。番付に名前があがっていないのも相当数いるだろうから、近江には天狗がうようよしているとみられる。

　天狗がとまって翼を休める樹木は松、杉の二樹とされていることから、「天狗松」の伝承をもつ松が各地に存在していた。

1 伊吹の天狗松

●坂田郡伊吹町伊吹

伊吹山の南西山麓の姉川右岸の田んぼ（坂田郡伊吹町伊吹）にあった松。昭和末、圃場《ほじょう》整備のための道路格調で伐採された。目通り幹周は約三メートル、樹高の高い雄松で、古来「天狗が棲んでいる」と言い伝えられ、天狗松と呼ばれていた。

伝承によるとこの天狗松は一本ではなく、雄松と雌松の二本が並んでいたとされている。あるとき、ある住民が雌松を切り倒して家の普請に使うことにした。木挽《こびき》がのこぎりで切り倒そうとするのだが、いくら木挽いても倒れようともしない。切るのをあきらめて帰り、翌朝、起きてみるとその松は、木挽の家前に横たわっていたという。

しばらく経ってから今度は、残った雄松を寺へ寄進することになった。雌松で不思議な出来事があったので、切る前に松にお伺いを立てることになった。木挽が「切り倒されるのが嫌なら、このかすがいを今夜のうちに私の家まで届けてほしい」と、かすがいを松の根元に置いてきたところ、果せるかなかすがいは翌朝、玄関先に返されていた。田んぼのなかに生えていた松は、切り倒されずにすんだ松の二代目か三代目ではないかと推定されていた。

この松から北東に仰ぎ見る伊吹山（一三七七・四メートル）は滋賀県下の最高峰。古来、山岳信仰の対象とされ、前頭八枚目の飛行上人《ひこう》、そして下段の十四枚目・金谷長円坊の二狗が棲んでいるとされている。室町中期に玄棟が三百余もの仏教説話を集めて著作した「三国伝記」には、「昔、三朱沙門《さんしゅ》飛行上人がこの山に住んで、数百年も苦行を重ねていた。三朱沙門ということは上人の体重が、わずかに三朱しかなかったからである。修行の功積んで、山河はもとより、石壁であろうが、なんの苦もなく飛び越えたので、飛行上人と呼ばれた」。そして飛行上人には三狗の常随給仕の弟子がいたという。名超、松尾、敏満の三童子がそれで、後にこれら三童子は名超寺（長浜市）、松尾寺（坂田郡米原町）、敏満寺（犬上郡多賀町）を創建している。

金谷長円坊は飛行上人の眷属《けんぞく》とされている。上人にはかなりの弟子、眷属がいたとみられているが、狗名が判明しているのは三童子と長円坊だけである。といっても長円坊に関しては太閤伝を集大成したとされる、嘉永二年（一八四九）刊行の『真書太閤記』に紹介されているだけである。その太閤記には、本能寺の変で先陣をつとめ、ついで安土城を守備した明智秀満が、まだ「三宅弥平次」名を名乗って伊吹山麓に住んでいた頃、狩猟をしていて四大寺の下にあった金谷に長円坊という天狗が住んでいるのを見つけたと記述されている。四大寺とは弥高、観音、太平、長尾の各寺のことで、ともに飛行上人が開基である。

いずれにしても伊吹山は早くから七高山の一つだっただけに、多くの天狗が棲む「天狗の山」といっても過言ではない。従ってそれらの天狗が、麓の松を飛行中の休息所にしていたとしても不思議ではない。そして初鹿野の天狗松近くの伊夫岐《いぶき》神社には、町の文化財に指定されている天狗面（桃山時代の作）が所蔵されている。

2 天狗の止まり松

●八日市市小脇町

八日市市の北西部、神崎郡と蒲生郡の郡境に位置する箕作山《みつくり》の最南端にある一峰、標高三四四メートルの太郎坊山麓を通る八風《はっぷう》街道沿いの田んぼ（八日市市小脇町）の中に生えていた三本の赤松。樹齢は数百年と推定されていた。太郎坊山に棲んでいた「太郎坊」という天狗が、全国の善男善女に幸いを与えて帰ってきたとき、この松に止まって一休みしてから帰山したので「天狗の止まり松」と呼称されるようになったと伝承されている。

山名の「太郎坊」は、修験道《しゅげんどう》の天狗信仰に因んでいる。享保十九年（一七三四）、膳所藩の命で実地調査し、寒川辰清が著した『近江輿地志略《よちしりゃく》』などによると、中腹に露頭している男岩・女岩を金剛界・胎蔵界の大日如来になぞらえ、そこに不動明王を祀るという成願寺山伏の唱導が伝えられている。その成願寺は赤神山と号し、阿賀神社へ通じる急峻な石段脇にある天台宗の寺。延暦十八年（七九九）、開基の最澄が同寺を創建するとき、太郎坊山の天狗の助力を得たとする伝承もある。

3 堤防の「天狗止まり松」

●守山市新庄町

野洲川が南流と北流に分岐する、かつての切れ所右岸の堤防（守山市新庄町《しんじょう》）上に生えていた松。度重なる改修工事で、付近一帯は昔の面影はなく、もちろん天狗が止まっていたという伝承の松もなくなっている。

切れ所の小字川辺は、かつては新庄町の端村だった。一帯は野洲川の氾濫で度々、大被害を被っている。鎮守蜊江《つぶえ》神社の記録によると文禄年間（一五九二～九六）、宝永六年（一七〇九）、享保六年（一七二一）、文化十二年（一八一五）に社殿大破、流失の被害を被っているほどである。こうした水害から免れるための改修工事が行われ、川辺地区の住民のうち二十四戸が対岸の笠原町へ、そして残り十一戸は新庄町の東へ移住。川辺は新河川敷に没してしまった。天狗の止まり松は先祖が昔、改修を記念して植えた松と伝えていた。なぜか松の周りには蛇が多く生息し、風が吹くと松は唸っていた。誰いうとなく「天狗が止まっているからだ」とされ、切り倒すものがいなかったという。

明治二十九年（一八九六）の野洲川堤防の決壊で大被害を受けたのがきっかけで、耕地整理法による耕地整理が完成した同四十一年（一九〇八）から、付近の面影は一変している。

4 井ノ口山のからかさ松

●高島市新旭町安井川

麓の在所（高島市新旭町安井川）の向こうに琵琶湖が眺望できる井ノ口山に、傘を広げたような樹姿をした松の独立樹が生えていた。地元では「天狗が棲んでいる」と信じていたが大正末に枯れ、いまは伝承だけが語り伝えられている。

その伝承とは、こうである。現在の字名「安井川」は明治十九年（一八七九）、井ノ口村と安養寺村とが合併してできた村だが、その井ノ口村には戸長をしていた源四郎がいた。事業の失敗から親戚に迷惑をかけたので、兄思いの実弟・源蔵は「顔向けできない」と在所から出ていってしまった。暫く経ってからのある夜、その源蔵が村人の夢枕に立って、次のように語りかけた。

「私はいま天狗の弟子になって、からかさ松で修行をしている。ここからは在所が、手に取るように一望できる。兄貴が皆さんにいろいろご迷惑をかけたので、そのお返しに皆さんには寿命を差し上げたい」。

それからというもの、在所では、長生きをする人が増えたという。

この在所には古来、「酒屋金持ち、北出は田持ち、中の源七っつあんは京暮らし」という唄が歌いつがれている。田持ちの北出は、正直馬方《うまかた》の逸話で知られる中西又左衛門のこと。この逸話がきっかけとなって江戸時代前期の儒者・熊沢蕃山は、井ノ口村の南三キロの地（高島市安曇川町上小川）で私塾を開き近江聖人と呼ばれていた中江藤樹に師事したとされている。

そしてこの在所は古来、河原市（川原市とも書く）村と称しており、南北朝―室町時代の公卿歌人で書道宋雅流の祖・飛鳥井《あすかい》雅縁が、応永三十四年（一四二七）、越前へ向かう途中「宋雅道すからの記」に「河原市とかや申所に志ばらく立寄そのつづきに里有とへば今津と申す」と記したところ。安曇川左岸に位置しており、西近江路に沿っている。

5 正体をあらわした松の木の天狗

●東浅井郡びわ町弓削

天狗のことを「外法様《げほう》」とも呼んでいる。天狗から授けられた一種の妖術を外法と名付けられたことによる。従って天狗が所在しているところでは、奇怪なことが起きている。奇怪な現象が起きるから「天狗が棲んでいる」となるのだが、東浅井郡びわ町弓削《ゆげ》に伝わる昔話もその一つである。ところがびわ町の奇怪な現象の正体は、勇敢な村人によって突き止められた。

姉川下流の北岸に位置している弓削の地蔵さん脇に、大きな松が生えていた。大人三人で抱えても、抱えきれないほどの大樹だった。それだけでも威圧感があるのだが、村人に恐れられたのは奇怪な音である。夜になると毎日、梢から「プーン、ブンブン」とお経を唱えるような不気味な音が聞こえてくる。「この松に棲んでいる天狗がお勤めをされている」と村人に思い込まれたため、誰一人として近づこうとはしなかった。ところが唯一人、森貫三だけは、天狗の存在を信じようとはしなかったのみか、村人たちの反対を押し切って松に梯子をかけて幹によじ登り、正体を突き止めようとした。すると梢には、大きなスズメバチの巣があった。不気味な音は、スズメバチが飛び回るときに起こる音だったのである。

地名の「弓削」は古代弓削の部曲――つまり弓を作るのを職務とした豪族が分住していた土地柄に因るとされている。弓削の部曲と天狗のとりあわせに、何か奇妙さを感じさせられる。

6 西念寺のガ太郎松●野洲市吉川

北は琵琶湖に面し、野洲川の河口近くの水田地帯にある真宗大谷派・西念寺（野洲市吉川）本堂前にあった松。幹は本堂に向かって傾き、大人一抱えもある大松だったが、伊勢湾台風で枯死。伐採された。切株だけが残存しているこの松には、野洲川に棲んでいた河童のガ太郎が住職の説話で悔悟した物語が秘められていた。

いまから百七十年前の天保年間のことである。当時、西念寺の住職をしていた正道和尚は乗馬が好きで、朝食のあと愛馬に乗って野洲川の堤防を散歩するのが日課になっていた。ある朝、田んぼに川から水をひくためのオヅルの樋のところに差しかかると、水が涌く樋口で変な姿をしたものが動いていた。よく見ると、日頃、悪いことをするため村人から嫌われているガ太郎ではないか。

正道和尚は、嫌がるガ太郎を馬に乗せて連れ帰って本堂前の松に縛りつけ、「み仏さんに手を合わさんか」と説得。うなづいたので縄を解いて本堂にあげてやり、「お前は畜生に生まれたので念仏は唱えられず、聞く耳ももっていない。み仏は十方衆生《じっぽうしゅじょう》に呼びかけて済度されるんだ。お前もいま、済度されたんだ。いまみ仏はお前を救われた。ガ太郎、こんど生まれるときは河童ではなく、人間の姿で生まれてくるんだよ」と諭されたところ、さすがの河童も悔悟。何度もお礼をいって帰った。それからというもの誰一人、ガ太郎を見かけたものはなく、吉川での河童の悪業はなくなったという。そして西念寺の松を村人は、「ガ太郎松」と呼ぶようになった。

このガ太郎松の物語を伝承していたのは、門徒の新七さん夫人のおたみ婆さん。坊守《ぼうもり》のように寺へ出入りし、八十四歳まで元気だったが、いまは孫の代になっている。

著者に代わり

この本の著者である父 岡村完道は、新聞記者を皮切りに半世紀もの間、ペンを生業にしてきました。しかしながら仕事としてその名前を背表紙に飾ることはありませんでした。この本の出版元であるサンライズ出版の岩根順子社長から平成十一年頃に〝近江の松〟の企画をいただき、初めて自分の名が著者として載る仕事にこの上ない喜びを感じながら作業を進めていたようです。しかし、七割方原稿ができあがった頃から弱視が増悪し執筆の速度が衰え、またその後ガンの発症・全身転移が進行し、自著出版第一号を見ることなく、梅雨明けやらぬ平成十六年七月一日、享年七十三歳でその生涯を終えました。

六畳ほどの故人の書斎には、故人の現役時代から自ら赴き、見て、聞いて集めた手作り資料、特に日本の松を題材にしたものが数多く遺されています。というのも、今はもう解散してしまいましたが「㈳日本の松の緑を守る会」の広報部長として、創設当初（昭和五十四年）から全国の松を取材し、その解散に至るまで日本の松を守る活動を推進してまいりました。この活動を通して、故人は〝松〟のみならず〝竹〟〝梅〟といった古来から日本人に愛されてきた草木に、さらにはそれを育む〝水〟といった自然にも興味の対象をひろげて自ら取材を行い、郷土史的な観点から書物にする事をライフワークと考えていたようです。

一方思うところがあり、還暦間近にして若き日に志した仏教の道に戻り、彦根市本庄町にあります観道寺《かんどうじ》に看護（後に住職）として入りました。三十余年間無住であったため、寺入当初境内は荒廃しておりましたが、我が名に縁《えにし》のある寺ということもあり、我が身をいたわるかの如く手入れに励みました。また友人・知人からの暖かい支援のもとに平成十六年三月の瓦の総葺き替えを最後に寺はまた新しく蘇りました。

父の他界は、寺の復興も一段落してようやくライフワークに多くの時間をかける事ができるようになった矢先の出来事でした。故人の書斎には主を失った資料が遺されました。私は父のライフワークの結晶とでもいうこの資料を埋もれさせてはいけないと思いましたが、どのように活かしていけば父が一番喜んでくれるのか明快な答えを得る事ができませんでした。

しかし、父の遺志が働いたのか、父の他界後ほどなく秋口に差しかかろうかという頃、故人と岩根社長との間で「近江の松」の発行の予定をしているという記事を兄 岡村完成が偶然ウェブサイトで見つけました。これこそ私が求めていた答えだと思いました。執筆途中の原稿を見つけだし、早速サンライズ出版岩根社長へ連絡し届けましたところ、「松ということですから、新春発行に間に合わせましょう」という岩根社長の力強いお言葉を頂きました。といえども、なにぶん執筆途中ということもあり、書籍としてのボリュームに堪えうるものかという不安が残りましたが、どのような形態をとるにせよ発行の方向で進めましょうということですべてをお任せしました。当初原稿に関係した写真は見つかりませんでした。しかし、父のことだから、どこかに写真はあるはずだ。もしできるなら父が撮影した松の写真を載せたいという思いがあの世の父に通じたのか、発行予定日一カ月前の締切り間際にして資料の入った段ボール箱が見つかりました。すぐに岩根様へ連絡したところ、「ちょうど写真をどうしようかと思案しているところです」ということでした。この時ばかりは、故人から分流された魂で生かされている自分を実感しました。

この「近江の松」を初めとして、日本古来の自然を守るという故人の思いを受け継ぎ、これまで父が集めた資料を一つずつ生かしていく事を決意しました。これは、父が私たちに託した遺志だと思っております。

最後に、故人の闘病時に出版目前という喜びを授けていただき、また発行再開を快く承諾頂き、一切のお世話を頂いたサンライズ出版岩根順子社長ならびにスタッフの方々に感謝の気持ちを捧げたいと思います。あわせて父の墓前に、父を陰で支えてきた母 岡村百合子とともに岡村完道著となる「近江の松」発行を報告いたしました。

平成十六年十二月

明石　泉

■著者略歴

岡村　完道（おかむら・かんどう）

昭和６年生まれ。広島県出身。花園大学在学中、僧堂へ入ることを辞め、社会人の道へ。昭和28年より６年間、都新聞社（朝日新聞社傍系）を経て日本商業新聞社にて新聞記者を務める。昭和34年積水化学工業入社。宣伝、販促担当。昭和42年㈱日本ＳＰセンター創立に参画。昭和46年編集企画センター創立・主宰。昭和54年日本の松の緑を守る会創設と共に広報部長、その後同会評議員、常務理事、参与を務める。昭和64年花園大学顧問（広報関係）に就任（平成11年定年退職）。平成元年臨済宗妙心寺派観道禅寺に入寺。平成３年同寺住職拝命。平成10年妙心寺派強化主事拝命。平成16年７月肝細胞癌のため死去。

自力出版書

『観道寺文庫』シリーズ

日本の正月と松（１号）、白砂青松と日本（２号）、弘法大師と松（３号）、なまめかしく匂う桜（４号）、曹洞宗と松（５号）、香る気品の梅花（６号）、親鸞聖人と松（７号）、蓮如上人と松（８号）、観道寺と私（９号）

近江《おうみ》の松《まつ》　　別冊淡海《おうみ》文庫14

2005年１月10日　初版１刷発行

企　画／淡海《おうみ》文化を育てる会

著　者／岡　村　完　道

発行者／岩　根　順　子

発行所／サンライズ出版

滋賀県彦根市鳥居本町655-1

☎0749-22-0627　〒522-0004

印　刷／サンライズ出版株式会社

ISBN4-88325-147-0

淡海《おうみ》文庫について

「近江」とは大和の都に近い大きな淡水の海という意味の「近（ちかつ）淡海」から転化したもので、その名称は「古事記」にみられます。今、私たちの住むこの土地の文化を語るとき、「近江」でなく、「淡海」の文化を考えようとする機運があります。

これは、まさに滋賀の熱きメッセージを自分の言葉で語りかけようとするものであると思います。

豊かな自然の中での生活、先人たちが築いてきた質の高い伝統や文化を、今の時代に生きるわたしたちの言葉で語り、新しい価値を生み出し、次の世代へ引き継いでいくことを目指し、感動を形に、そして、さらに新たな感動を創りだしていくことを目的として「淡海文庫」の刊行を企画しました。

自然の恵みに感謝し、築き上げられてきた歴史や伝統文化をみつめつつ、今日の湖国を考え、新しい明日の文化を創るための展開が生まれることを願って一冊一冊を丹念に編んでいきたいと思います。

一九九四年四月一日

淡海文庫好評既刊より

淡海文庫17

近江の鎮守の森 —歴史と自然—

滋賀植物同好会 編　定価1260円（税込）

昭和初期の造営からわずか60年で樹木が鬱蒼と茂り、さまざまな生きものが生活する豊かな森となった近江神宮の林苑の歴史を紹介。県内の主な神社の「鎮守の森」探訪ガイドを付す。

淡海文庫24

ヨシの文化史 —水辺から見た近江の暮らし—

西川嘉廣 著　定価1260円（税込）

琵琶湖と内湖の水辺に自生するヨシは古来さまざまな形で人の暮らしと関わってきた。産地・円山（近江八幡市）の一年、簞簗の舌などヨシを用いたさまざまな道具、年中行事の中のヨシ、歴史や文学の中に現れたヨシの姿を紹介。

淡海文庫25

城下町彦根 —街道と町並—

彦根史談会 編　定価1260円（税込）

築城400年の彦根城をとりまいていた武家屋敷と町家。昭和30年代、失われつつある城下町の姿を記録画として描き続けた画家・上田道三の絵とともにおもかげ残す町並を案内。歴史景観を考慮した町づくりの未来を問う。

淡海文庫26

鯰 —魚と文化の多様性—

滋賀県立琵琶湖博物館 編　定価1260円（税込）

地震鯰絵や大津絵の瓢箪鯰でナマズはどう描かれてきたか？　ナマズはなぜ田んぼへ向かうのか？　秋篠宮殿下がナマズの魅力を語った鼎談を含め、不思議な魚・ナマズと人との関わりを探る論考を収録。

淡海文庫好評既刊より

淡海文庫30

近江牛物語

瀧川昌宏 著　定価1260円（税込）

江戸時代、将軍家に献上されていた彦根藩の牛肉味噌漬け、明治の浅草名物となった牛鍋屋「米久」、東京上空から牛肉をまいた大宣伝…。わが国最初のブランド牛肉「近江牛」の足どりをたどる。

別冊淡海文庫 9

近江妙蓮 —世界でも珍しいハスのものがたり—

中川原正美 著　定価1680円（税込）

滋賀県守山市の田中家が守り続けてきた「近江妙蓮」は、一茎に数千枚の花びらをつける特異なハスである。一般のハスの植物学的な解説にはじまり、近江妙連の詳細な観察記録、将軍家などへ献上され江戸で大名方の大評判となった歴史を紹介。

別冊淡海文庫12

近江の名木・並木道

滋賀植物同好会 編　定価1890円（税込）

信仰の対象となった多くの巨木や古木、車道や歩道に四季の彩りをそえる特色ある街路樹や並木を滋賀県全域にわたって調査。県内150カ所余りの木の来歴と現状を美しい写真とともに紹介。

別冊淡海文庫13

近江の玩具

近江郷土玩具研究会 編　定価1890円（税込）

郷土玩具空白地と言われてきた滋賀県だが、小幡人形をはじめ、近世から今日までの豊かな玩具文化の拡がりがあった。将来展望を考え、保存育成への道を探る。